証明作法

—論理の初歩から証明の実践へ—

石原　哉　著

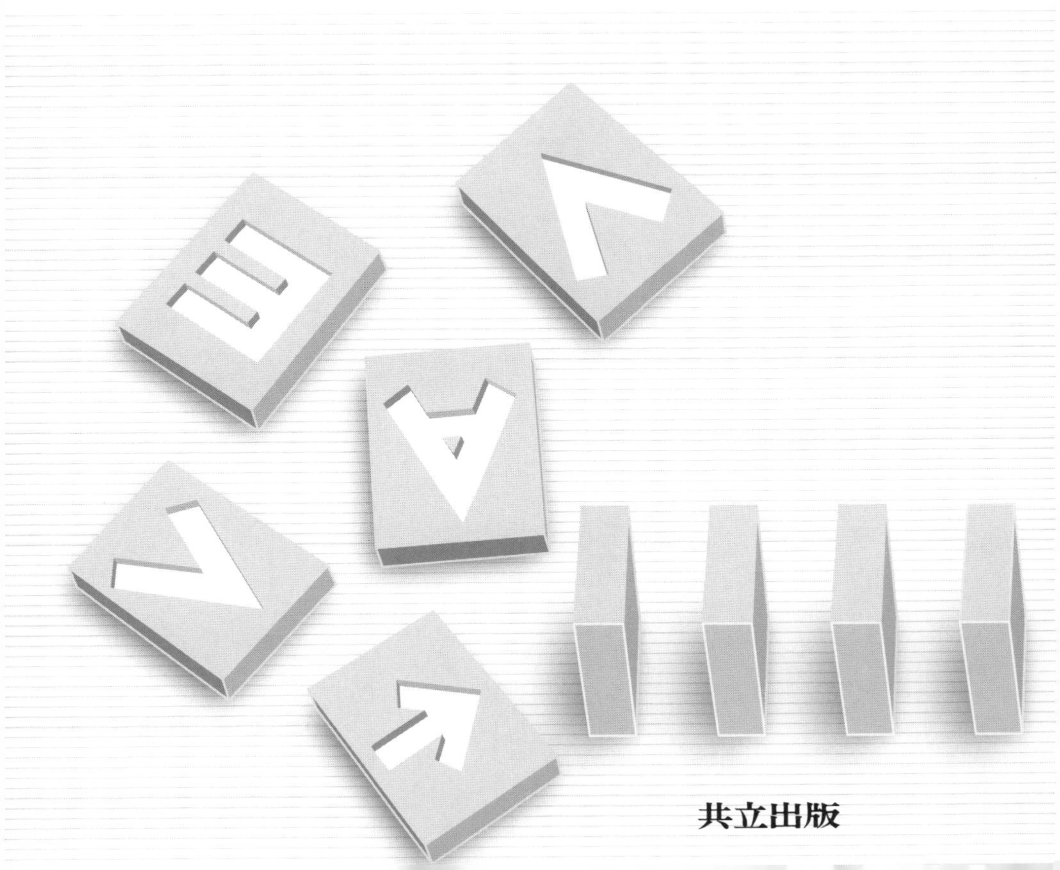

共立出版

まえがき

30年近くにわたり基幹科目「数理論理学」を教えてきて中間試験や期末試験に証明問題を出題すると，多くの学生は計算や式変形に帰着させようとすることが気になっていた．その理由を考えるうちに，学生たちは証明の書き方をきちんと学んでこなかった，あるいは学ぶ機会がなかったのではないかと思い至った．数学は辛抱強く推論を積み重ねていけば誰でも理解できる学問のはずである．一般に数学は難しいと思われているのも，証明がブラックボックスになっているからではないだろうか．

そのような思いから2014年度より導入科目「基礎論理数学」を開講し，証明の書き方と集合について必要最小限の事柄を教えている．考えてみれば筆者自身も証明は数学の授業でのオンザジョブトレーニング(OJT)で学び，その書き方を講義や教科書で学んだ記憶はない．高校でわずかばかり学んだ論理を頼りに，大学で求められる証明をOJTで書けというのはずいぶん乱暴な話である．また証明を必要としない分野の学生にとって，高校数学以上の（教養としての）論理を学ぶ機会がない．本書は「基礎論理数学」の講義資料を基に，大学で証明を必要とする学生のみでなく，証明の書き方を学びたいすべての人に向けて書かれている．

本書の第I部（第1章から第5章）の「論理と証明」では，高校数学程度の知識を仮定して論理，特に証明の書き方について述べた．プロローグの第1章で論理への導入，第2章から自然演繹と呼ばれる形式化に基づいて日本語表現に近い形で証明の構成法をできるだけ丁寧に説明した．

プログラムが基本的な文（代入文など）からいくつかの制御構造（if文やcase文など）を組み合わせて構成されているように，証明も基本的な証明からいくつかの構成法を組み合わせることにより構成されている．その意味で証明を書くことはプログラミングに通じている．第I部では，証明の構造が理解できるようにプログラミングで用いる字下げを活用した．

第 4 章で述べる背理法は，高校数学で学ぶが正確に理解されていないことが多い．背理法を用いないと証明できない命題の証明に躓く学生が多いこと，背理法を用いない証明とプログラムの間には自然な対応があることを考え，本書では全体を通して背理法を用いなければならない際は「背理法を用いると……」のように明記した．

第 5 章では，高校数学で本格的に取り上げられない述語について述べた．述語は命題と比べその豊かな表現力のゆえ複雑で理解が難しい．ある種の言語であり，たくさんの述語表現を例示することにより理解の助けとした．

本書の第 II 部（第 6 章から第 11 章）の「証明の実践」では，集合の様々な問題に証明を与え，第 I 部で学んだ証明の書法を実践する．高校数学の教科書では，集合演算の性質（ド・モルガンの法則など）はベン図を用いた直感的な説明がなされており，大学数学の多くの教科書では，それらの証明は省略されているか，あるいは同じくベン図を用いた説明がなされているのみである．

第 6 章と第 7 章では，直感に頼るのではなく，集合演算の基本的性質にもきちんと証明を与えた．本書では証明を書く（読む）練習を意図して，直感的に明らかな命題にも証明を与えている．また，講義では 2021 年度より試しに集合を公理的に導入してみた．思いのほか学生たちに好評だったので，本書でも集合論の公理と対応させながら集合演算を導入した．

第 8 章と第 9 章では数学の基本的な概念である関係および写像についてできるだけ丁寧に述べた．第 10 章では同値関係および順序について説明し，最後にプログラムの表示的意味論で中心的な役割を果たす有向完備（半）順序 (dcpo) について簡単に述べた．エピローグの第 11 章で数学や計算機科学でしばしば用いられる高級言語——圏論について触れた．

学部学生のとき指導教員の木村泉先生が訳書

B.W. カーニハン・P.J. プローガー著，木村泉訳・解説，
『ソフトウェア作法』，共立出版，1981．

を出版されるところであった．微力であったが原稿の日本語入力をお手伝いさせていただいた．木村先生は「よいプログラムはわかりやすい」，そして「よいプ

ログラムを書きたかったらよいプログラムをたくさん読みなさい」とおっしゃっていた．読者にどれだけよい証明を例示できたか疑問であるが，本書は

- よい証明はわかりやすい
- よい証明を書きたかったらよい証明をたくさん読みなさい

をモットーに書いたつもりである．また，書名を「証明作法」とさせていただいた．木村先生は天国でご立腹であろうか．

「基礎論理数学」開講以来 2019 年度まで講義の分担をお願いした根元多佳子氏（現広島工業大学准教授），歴代の TA および受講生から講義資料や演習問題に対して多くの貴重なコメントをいただいた．この機会に感謝の意を表したい．

本書の執筆にあたり，若い人たちに何度か原稿を見ていただいた．河井達治氏（北陸先端科学技術大学院大学助教），仁木哲氏（ルール大学ボーフム研究員），および北陸先端科学技術大学院大学学生の上田拓海さんと齊藤哲平さんには本書の改善につながる数々の指摘や助言をいただいた．心より感謝したい．

出版に際して，大越隆道さんをはじめ共立出版編集部の皆様には大変にお世話になった．大越さんには編集者の視点から数々の有益なご意見をいただいた．心より御礼申し上げたい．

最後に，筆者の勉学・研究を大学院入学以前より一貫して強力にサポートし続け，本書の執筆に際しては常に励ましてくれた妻啓子に心の底から感謝する．原稿を丁寧に読み有益な感想のみでなく，エピローグとして圏論について触れることを強く薦めてくれた．本当にありがとう．

2023 年 1 月

石原　哉

目次

ギリシャ文字

大文字	小文字	英語読み	日本語読み
A	α	alpha	アルファ
B	β	beta	ベータ
Γ	γ	gamma	ガンマ
Δ	δ	delta	デルタ
E	ϵ, ε	epsilon	イプシロン
Z	ζ	zeta	ゼータ
H	η	eta	エータ
Θ	θ, ϑ	theta	シータ
I	ι	iota	イオタ
K	κ	kappa	カッパ
Λ	λ	lambda	ラムダ
M	μ	mu	ミュー
N	ν	nu	ニュー
Ξ	ξ	xi	クシー, グザイ
O	o	omicron	オミクロン
Π	π, ϖ	pi	パイ
P	ρ, ϱ	rho	ロー
Σ	σ, ς	sigma	シグマ
T	τ	tau	タウ
Υ	υ	upsilon	ウプシロン
Φ	ϕ, φ	phi	ファイ
X	χ	chi	カイ
Ψ	ψ	psi	プサイ
Ω	ω	omega	オメガ

第I部

論理と証明

第 1 章
命題とは

本章では，命題とその真理値について述べる．基本的な命題から始めて連言，選言および含意を用いて新しいより複雑な命題を構成することができる（否定を用いた命題の構成は第 4 章参照）．複雑な命題の真理値の計算法，トートロジーなどの概念について述べる．

1.1 命題と真理値

命題 (proposition) とは，客観的に「正しい」か「正しくない」かが定まっている文をいう．命題が正しいときその命題（の値）は**真** (true)，正しくないとき**偽** (false) であるという．また，命題の値をその命題の**真理値** (truth value) という．

例 1.1. 命題とその真理値の例を以下に挙げる．

- $1 \leq 2$ である（真）
- $\sqrt{2}$ は有理数である（偽）
- $1 \in \{0, 1, 2\}$ である（真）

例 1.2. 以下の文は，客観的に真偽が定まらないので命題ではない．

- 白山は高い
- 1000 は大きな数である
- 数学者は偉い

命題を表す記号として $\varphi, \chi, \psi, \ldots$, あるいは添字などをつけて $\varphi_1, \varphi_2, \ldots$, $\varphi', \varphi'', \ldots$ を用いる．また，命題の真理値である真を $\mathtt{t}$，偽を $\mathtt{f}$ で表す．

例 1.1 では集合の記法 $1 \in \{0, 1, 2\}$ を用いた．数，文字，図形などの明確な対象を明確な範囲で集めてきたものを，1つの新しい対象とし**集合** (set) という．集合に属する対象をその集合の**要素**または**元** (element) という．対象 a が集合 A の要素であるとき，a は A に**属する** (belong) といい，記号

$$a \in A$$

で表す．要素0，1および2から成る集合を $\{0,1,2\}$ で表す．したがって，3の正の約数を要素とする集合は $\{1,3\}$ であり，$3 \in \{1,3\}$ である．また，4の正の約数を要素とする集合は $\{1,2,4\}$ であり，$2 \in \{1,2,4\}$ である．

以下では，主に集合を用いて様々な例を挙げる．$a \in A$, $b \in B$, $a = b$ や $A = B$ と書いた場合，対象 a と b および集合 A と B が具体的に与えられていて，その真偽は定まっているものとする．

本書では，自然数全体の集合を $\mathbb{N}$，整数全体の集合を $\mathbb{Z}$，有理数全体の集合を $\mathbb{Q}$ で表す．

1.2　命題の構成

基本的な命題を，「かつ」(and)，「または」(or)，「ならば」(imply) を用いて組み合わせることにより，新しい命題を構成することができる．

連言

命題 φ と命題 χ に対して，命題「φ かつ χ」を φ と χ の**連言** (conjunction) といい，記号 $\varphi \wedge \chi$ で表す．

例 1.3. φ を命題「$1 \leq 2$ である」とし，χ を命題「$2 \leq \sqrt{2}$ である」とすれば，$\varphi \wedge \chi$ は命題「$1 \leq 2$ であり，かつ $2 \leq \sqrt{2}$ である」となる．

例 1.4. φ を命題「$a \in A$ である」とし，χ を命題「$a \in B$ である」とすれば，$\varphi \wedge \chi$ は命題「$a \in A$ であり，かつ $a \in B$ である」となる．

命題 $\varphi \wedge \chi$ の真理値は，命題 φ と命題 χ の真理値に応じて次のようになる．

φ	χ	$\varphi \wedge \chi$
t	t	t
t	f	f
f	t	f
f	f	f

例 1.5. φ を命題「$3 \in \{1, 3\}$ である」とし，χ を命題「$3 \in \{1, 2, 4\}$ である」とすれば，φ および χ の真理値はそれぞれ t および f である．したがって，$\varphi \wedge \chi$，すなわち「$3 \in \{1, 3\}$ であり，かつ $3 \in \{1, 2, 4\}$ である」の真理値は f となる．

例 1.6. φ を命題「$1 \in \{1, 2, 4\}$ である」とし，χ を命題「$2 \in \{1, 2, 4\}$ である」とすれば，φ および χ の真理値はともに t である．したがって，$\varphi \wedge \chi$，すなわち「$1 \in \{1, 2, 4\}$ であり，かつ $2 \in \{1, 2, 4\}$ である」の真理値は t となる．

問 1.7. φ を命題「$2 \in \{1, 3\}$ である」とし，χ を命題「$3 \in \{1, 2, 4\}$ である」としたとき，$\varphi \wedge \chi$ が表す命題を述べその真理値を求めよ．

選言

命題 φ と命題 χ に対して，命題「φ または χ」を φ と χ の**選言** (disjunction) といい，記号 $\varphi \vee \chi$ で表す．

例 1.8. φ を命題「$1 \leq 2$ である」とし，χ を命題「$2 \leq \sqrt{2}$ である」とすれば，$\varphi \vee \chi$ は命題「$1 \leq 2$ であるか，または $2 \leq \sqrt{2}$ である」となる．

例 1.9. φ を命題「$a \in A$ である」とし，χ を命題「$a \in B$ である」とすれば，$\varphi \vee \chi$ は命題「$a \in A$ であるか，または $a \in B$ である」となる．

命題 $\varphi \vee \chi$ の真理値は，命題 φ と命題 χ の真理値に応じて次のようになる．

φ	χ	$\varphi \vee \chi$
t	t	t
t	f	t
f	t	t
f	f	f

例 1.10. φ を命題「$2 \in \{1,3\}$ である」とし，χ を命題「$2 \in \{1,2,4\}$ である」とすれば，φ および χ の真理値はそれぞれ f および t である．したがって，$\varphi \vee \chi$，すなわち「$2 \in \{1,3\}$ であるか，または $2 \in \{1,2,4\}$ である」の真理値は t となる．

例 1.11. φ を命題「$2 \in \{1,3\}$ である」とし，χ を命題「$4 \in \{1,3\}$ である」とすれば，φ および χ の真理値はともに f である．したがって，$\varphi \vee \chi$，すなわち「$2 \in \{1,3\}$ であるか，または $4 \in \{1,3\}$ である」の真理値は f となる．

問 1.12. φ を命題「$1 \in \{1,3\}$ である」とし，χ を命題「$2 \in \{1,2,4\}$ である」としたとき，$\varphi \vee \chi$ が表す命題を述べその真理値を求めよ．

含意

命題 φ と命題 χ に対して，命題「φ ならば χ」を φ と χ の**含意** (implication) といい，記号 $\varphi \to \chi$ で表す．

例 1.13. φ を命題「$1 \leq 2$ である」とし，χ を命題「$2 \leq \sqrt{2}$ である」とすれば，$\varphi \to \chi$ は命題「$1 \leq 2$ であるならば，$2 \leq \sqrt{2}$ である」となる．

例 1.14. φ を命題「$a \in A$ である」とし，χ を命題「$a \in B$ である」とすれば，$\varphi \to \chi$ は命題「$a \in A$ であるならば，$a \in B$ である」となる．

命題 $\varphi \to \chi$ の真理値は，命題 φ と命題 χ の真理値に応じて次のようになる．

φ	χ	$\varphi \to \chi$
t	t	t
t	f	f
f	t	t
f	f	t

注 1.15. 命題 $\varphi \to \chi$ の真理値は，φ の真理値が偽であるときはいつも真である．これは，次のように説明することができる．正直者のお爺さんが「天気が良ければ山へ柴刈りに行く」と言っていた．お爺さんが嘘つき（「天気が良ければ山へ柴刈りに行く」が偽）になるのは，天気が良いのに山へ柴刈りに行かなかったと

きのみである．天気が悪いとき，山へ柴刈りに行こうが行くまいが，お爺さんは嘘つきではない．つまり，前提である命題 φ（天気が良い）の真理値が偽である場合，どのような真理値を持つ命題 χ（山へ柴刈りに行く）を結論付けても，前提から結論へ至る過程を表す命題 $\varphi \to \chi$（天気が良ければ山へ柴刈りに行く）は「正しい」と考えるからである．

例 1.16. φ を命題「$3 \in \{1,3\}$ である」とし，χ を命題「$3 \in \{1,2,4\}$ である」とすれば，φ および χ の真理値はそれぞれ $\mathtt{t}$ および $\mathtt{f}$ である．したがって，$\varphi \to \chi$，すなわち「$3 \in \{1,3\}$ であるならば，$3 \in \{1,2,4\}$ である」の真理値は $\mathtt{f}$ となる．

例 1.17. φ を命題「$2 \in \{1,3\}$ である」とし，χ を命題「$3 \in \{1,3\}$ である」とすれば，φ および χ の真理値はそれぞれ $\mathtt{f}$ および $\mathtt{t}$ である．したがって，$\varphi \to \chi$，すなわち「$2 \in \{1,3\}$ であるならば，$3 \in \{1,3\}$ である」の真理値は $\mathtt{t}$ となる．

問 1.18. φ を命題「$2 \in \{1,3\}$ である」とし，χ を命題「$3 \in \{1,2,4\}$ である」としたとき，$\varphi \to \chi$ が表す命題を述べその真理値を求めよ．

命題 $\varphi \to \chi$ が真であるとき，φ は χ の**十分条件** (sufficient condition) といい，χ は φ の**必要条件** (necessary condition) という．

1.3 真理値表と恒真な命題

1.2 節で見たように，基本的な命題 $\varphi, \chi, \psi, \ldots$ から始めて命題の構成を繰り返し適用することにより，より複雑な様々な命題を構成することができる．

例 1.19. 命題 φ と命題 χ に対して，$\varphi \to \chi$ は命題である．$\varphi \to \chi$ と φ が命題なので，$(\varphi \to \chi) \land \varphi$ も命題となる．

例 1.20. 命題 χ と命題 ψ に対して，$\chi \lor \psi$ は命題である．したがって，命題 φ に対して，$\varphi \land (\chi \lor \psi)$ は命題となる．

例 1.21. 命題 φ と命題 χ に対して，$\chi \to \varphi$ は命題である．したがって，$\varphi \to (\chi \to \varphi)$ は命題となる．

例 1.22. φ を命題「$A = B$ である」，χ を命題「$a \in A$ である」，ψ を命題「$a \in B$ である」としたとき，$\varphi \to (\chi \to \psi)$ は「$A = B$ であるならば，$a \in A$ ならば $a \in B$ である」を表す．

問 1.23. φ を命題「$a \in A$ である」，χ を命題「$a = b$ である」，ψ を命題「$a = c$ である」としたとき，$\varphi \to (\chi \vee \psi)$ が表す命題を述べよ．

例 1.24. φ を命題「$a = b$ である」，χ を命題「$b = c$ である」，ψ を命題「$a = c$ である」としたとき，命題「$a = b$ かつ $b = c$ であるならば，$a = c$ である」は $(\varphi \wedge \chi) \to \psi$ と表せる．

問 1.25. φ を命題「$a = b$ である」，χ を命題「$a = c$ である」，ψ を命題「$a \in A$ である」としたとき，命題「$a = b$ または $a = c$ であるならば，$a \in A$ である」を φ，χ および ψ を用いて表せ．

このように構成された複雑な命題でも，基本的な命題 $\varphi, \chi, \psi, \ldots$ の真理値が定まれば，1.2 節の表を繰り返し適用することにより，その真理値を求めることができる．

例 1.26. 命題 $(\varphi \to \chi) \wedge \varphi$ の真理値は，命題 φ と命題 χ の真理値に応じて次のようになる．

φ	χ	$\varphi \to \chi$	$(\varphi \to \chi) \wedge \varphi$
t	t	t	t
t	f	f	f
f	t	t	f
f	f	t	f

例 1.27. 命題 $\varphi \wedge (\chi \vee \psi)$ の真理値は，命題 φ, χ, ψ の真理値に応じて次のようになる．

φ	χ	ψ	$\chi \vee \psi$	$\varphi \wedge (\chi \vee \psi)$
t	t	t	t	t
t	t	f	t	t
t	f	t	t	t
t	f	f	f	f
f	t	t	t	f
f	t	f	t	f
f	f	t	t	f
f	f	f	f	f

例 1.28. 命題 $\varphi \to (\chi \to \varphi)$ の真理値は，命題 φ と命題 χ の真理値に応じて次のようになる．

φ	χ	$\chi \to \varphi$	$\varphi \to (\chi \to \varphi)$
t	t	t	t
t	f	t	t
f	t	f	t
f	f	t	t

例 1.26 から例 1.28 で示した表を，対応する命題の**真理値表** (truth table) という．

問 1.29. 命題 $\varphi \to (\chi \vee \psi)$ の真理値表を書け．

問 1.30. 命題 $(\varphi \wedge \chi) \to \psi$ の真理値表を書け．

例 1.28 の命題のように，基本的な命題 $\varphi, \chi, \psi, \ldots$ の真理値によらず真理値が恒に真になる命題を，**恒真** (valid) な命題，あるいは**トートロジー** (tautology) という．

問 1.31. 命題 $(\varphi \to (\chi \to \psi)) \to ((\varphi \to \chi) \to (\varphi \to \psi))$ が恒真であることを示せ．

問 1.32. 命題 $((\varphi \to \psi) \wedge (\chi \to \psi)) \to ((\varphi \vee \chi) \to \psi)$ が恒真であることを示せ．

記法 1.33. 命題 φ と命題 χ に対して，記号 $\varphi \leftrightarrow \chi$ は命題 $(\varphi \to \chi) \wedge (\chi \to \varphi)$ を表し，「φ のとき，またそのときのみ χ(φ if and only if χ)」と読む．すなわち，

$$\varphi \leftrightarrow \chi \equiv (\varphi \to \chi) \wedge (\chi \to \varphi).$$

ここで，$\equiv$ は文字列として等しいことを表す．

命題 $\varphi \leftrightarrow \chi$ の真理値表は次のようになる．

φ	χ	$\varphi \to \chi$	$\chi \to \varphi$	$\varphi \leftrightarrow \chi$
t	t	t	t	t
t	f	f	t	f
f	t	t	f	f
f	f	t	t	t

注 1.34. 上記真理値表から，φ と χ の真理値が一致するとき，またそのときのみ $\varphi \leftrightarrow \chi$ が真である．

問 1.35. φ を命題「$2 \in \{1,3\}$ である」とし，χ を命題「$3 \in \{1,2,4\}$ である」としたとき，$\varphi \leftrightarrow \chi$ の表す命題を述べその真理値を求めよ．

命題 $\varphi \leftrightarrow \chi$ が真であるとき，$\varphi \to \chi$ および $\chi \to \varphi$ が真となるので，φ は χ の必要条件でありかつ φ は χ の十分条件である．このとき，φ は χ の（あるいは，χ は φ の）**必要十分条件** (necessary and sufficient condition) という．またこのとき，φ と χ は互いに**同値** (equivalent) であるという．

第 2 章
命題と証明(1)

前章で述べた真理値表を用いた恒真性の判定は，命題が複雑になればなるほど難しいものになる．以下では真理値表の代わりに，それとは**独立に**証明を与えることにより恒真性を保証することを考える（証明と恒真性の関係は注 4.32 参照）．証明は，その仮定がすべて真であれば結論が必ず真となるように，基本的な証明からいくつかの構成法を組み合わせることにより構成される．本章では，基底形の証明，連言および選言に関する証明の構成法について述べる．

2.1　仮定と結論

いくつかの命題 $\sigma_1, \ldots, \sigma_n$ を仮定して，ある命題 φ を結論づける過程を**証明** (proof)，**演繹** (deduction) または**導出** (derivation) という．一般に証明は以下の形をしている（証明を表す記号として $\mathcal{D}$ あるいは添字をつけて $\mathcal{D}_1, \mathcal{D}_2, \ldots$ などを用いる）．

$\sigma_1, \ldots, \sigma_n$ と仮定する	$\sigma_1, \ldots, \sigma_n$ と仮定する
$\vdots$	$\mathcal{D}$
よって φ	よって φ

命題 $\sigma_1, \ldots, \sigma_n$ および命題 φ を，証明のそれぞれ**仮定** (assumption) および**結論** (conclusion) という．

仮定が $\sigma_1, \ldots, \sigma_n$ で結論が φ である証明があるとき，φ は仮定 $\sigma_1, \ldots, \sigma_n$ から**導かれる**という．φ がいかなる仮定も用いずに導けるとき φ を**定理** (theorem) という．

基底形

命題 $\sigma_1, \ldots, \sigma_n$ を仮定すれば，そのいずれかの命題 $\sigma_k (k = 1, \ldots, n)$ を（仮

定しているので）結論づけることができる．したがって，次はもっとも単純な形（**基底形**）をした証明であり，その仮定は $\sigma_1, \ldots, \sigma_n$，結論は σ_k である．

$\sigma_1, \ldots, \sigma_n$ と仮定する
よって σ_k

例 2.1. 以下はそれぞれ命題 $\varphi \wedge \chi$ を仮定とし $\varphi \wedge \chi$ を結論とする基底形の証明，および命題 φ, χ を仮定とし χ を結論とする基底形の証明である．

$\varphi \wedge \chi$ と仮定する　　　　φ, χ と仮定する
よって $\varphi \wedge \chi$　　　　　　よって χ

仮定の追加

命題 $\sigma_1, \ldots, \sigma_n$ を仮定とし，命題 φ を結論とする証明

$\sigma_1, \ldots, \sigma_n$ と仮定する
$\vdots$
よって φ

があるとき，$\sigma_1, \ldots, \sigma_n$ を仮定すれば φ が導けるので，仮定にいくつかの命題 $\tau_1, \ldots, \tau_m$ を追加してもやはり φ が導ける．したがって，上記の証明を修正した証明

$\sigma_1, \ldots, \sigma_n$ と仮定する
$\tau_1, \ldots, \tau_m$ と仮定する
$\vdots$
よって φ

は，命題 $\sigma_1, \ldots, \sigma_n, \tau_1, \ldots, \tau_m$ を仮定とし命題 φ を結論とする証明である．

注 2.2. 以下に見るように，証明の過程で一時的に仮定を増やし後にそれを（仮定から）取り除く場合もある．一時的な仮定でもそれが取り除かれる前は仮定なので，どのような命題が証明の仮定であるか常に意識し把握しておくことが大切である．仮定を追加する際には「……と仮定する」，また一時的な仮定の場合

「……のとき」，「……ならば」や「……とする」などの言葉を用いる．また，結論を述べる際には「よって」の他に「したがって」，「ゆえに」などの言葉を用いる．

証明の構成法

基底形の証明からはじめて証明の構成法を組み合わせていくことにより，新しいより複雑な証明を構成することができる．連言，選言および含意に対して，次のようにそれぞれ**導入**および**除去**の構成法がある．

結合子	構成法	
連言	$\wedge$ 導入	$\wedge$ 除去
選言	$\vee$ 導入	$\vee$ 除去
含意	$\rightarrow$ 導入	$\rightarrow$ 除去

注 2.3. 同じ入力に対して同じ出力を与えるプログラムがいくつもあるように，同じ仮定に対して同じ結論を持つ証明もいくつもある．証明の良し悪しは，ある種の文書なのでプログラムと同様に読みやすさやわかりやすさなどで測られる．

2.2 ∧ の導入と除去

∧ 導入

仮定 $\sigma_1, \ldots, \sigma_n$ から結論 $\varphi \wedge \chi$（φ かつ χ）を導くためには，仮定 $\sigma_1, \ldots, \sigma_n$ から φ および仮定 $\sigma_1, \ldots, \sigma_n$ から χ を導けば十分である．実際，命題 $\sigma_1, \ldots,$ σ_n を仮定しそれぞれ命題 φ および命題 χ を結論とする 2 つの証明

$\sigma_1, \ldots, \sigma_n$ と仮定する	$\sigma_1, \ldots, \sigma_n$ と仮定する
$\mathcal{D}_1$	$\mathcal{D}_2$
よって φ	よって χ

があるとき，次のように $\sigma_1, \ldots, \sigma_n$ を仮定し $\varphi \wedge \chi$ を結論とする証明を構成できる．

$\sigma_1, \ldots, \sigma_n$ と仮定する
$\mathcal{D}_1$
よって φ
$\mathcal{D}_2$
よって χ
したがって $\varphi \wedge \chi$　　# $\wedge$ 導入

この証明の構成法を $\wedge$ **導入** ($\wedge$-introduction) と呼ぶ．以下では，用いた証明の構成法を上記のようにコメント (# ...) として付すが，コメントは証明の構成要素ではない．

例 2.4. 次の証明は，φ, χ を仮定としそれぞれ φ および χ を結論とする基底形の証明である．

φ, χ と仮定する　　φ, χ と仮定する
よって φ　　よって χ

したがって

φ, χ と仮定する
よって φ
よって χ
したがって $\varphi \wedge \chi$　　# $\wedge$ 導入

は，φ, χ を仮定とし $\varphi \wedge \chi$ を結論とする証明である．

問 2.5. φ を仮定とし $\varphi \wedge \varphi$ を結論とする証明を構成せよ．

以下の2つの証明に $\wedge$ 導入を適用することはできない．

ρ, σ_1, σ_2 と仮定する　　ρ, τ と仮定する
$\mathcal{D}_1$　　$\mathcal{D}_2$
よって φ　　よって χ

なぜなら，2つの証明の仮定が異なるからである．このような場合はそれぞれに仮定を追加して

ρ, σ_1, σ_2 と仮定する	ρ, τ と仮定する
τ と仮定する	σ_1, σ_2 と仮定する
$\mathcal{D}_1$	$\mathcal{D}_2$
よって φ	よって χ

とし，次のように ∧ 導入を適用することになる．

$\rho, \sigma_1, \sigma_2, \tau$ と仮定する

$\mathcal{D}_1$

よって φ

$\mathcal{D}_2$

よって χ

したがって $\varphi \wedge \chi$ # ∧ 導入

ただし，この証明の結論は $\varphi \wedge \chi$ であるが仮定は $\rho, \sigma_1, \sigma_2, \tau$ であることに注意せよ．以下の構成法でも同様である．

∧ 除去

仮定 $\sigma_1, \ldots, \sigma_n$ から結論 $\varphi \wedge \chi$（φ かつ χ）が導けた場合，それから φ（あるいは χ）を導いてよいだろう．実際，命題 $\sigma_1, \ldots, \sigma_n$ を仮定とし命題 $\varphi \wedge \chi$ を結論とする証明

$\sigma_1, \ldots, \sigma_n$ と仮定する

$\mathcal{D}$

よって $\varphi \wedge \chi$

があるとき，以下のように $\sigma_1, \ldots, \sigma_n$ を仮定とし φ あるいは χ を結論とする証明を構成できる．

$\sigma_1, \ldots, \sigma_n$ と仮定する
　$\mathcal{D}$
　よって $\varphi \wedge \chi$
したがって φ 　　# ∧除去

$\sigma_1, \ldots, \sigma_n$ と仮定する
　$\mathcal{D}$
　よって $\varphi \wedge \chi$
したがって χ 　　# ∧除去

この証明の構成法を ∧ **除去** (∧-elimination) と呼ぶ.

例 2.6. 次の証明は, $\varphi \wedge \chi$ を仮定とし $\varphi \wedge \chi$ を結論とする基底形の証明である.

$\varphi \wedge \chi$ と仮定する
よって $\varphi \wedge \chi$

よって, 以下の証明は $\varphi \wedge \chi$ を仮定としそれぞれ χ および φ を結論とする証明である.

$\varphi \wedge \chi$ と仮定する
　よって $\varphi \wedge \chi$
したがって χ 　　# ∧除去

$\varphi \wedge \chi$ と仮定する
　よって $\varphi \wedge \chi$
したがって φ 　　# ∧除去

したがって

$\varphi \wedge \chi$ と仮定する
　　よって $\varphi \wedge \chi$
　したがって χ 　　# ∧除去
　　よって $\varphi \wedge \chi$
　したがって φ 　　# ∧除去
ゆえに $\chi \wedge \varphi$ 　　# ∧導入

は, $\varphi \wedge \chi$ を仮定とし $\chi \wedge \varphi$ を結論とする証明である.

問 2.7. $\varphi \wedge (\chi \wedge \psi)$ を仮定とし $(\varphi \wedge \chi) \wedge \psi$ を結論とする証明を構成せよ.

注 2.8. 証明を構成する際に, 証明の間の関係性について理解しておくことは大きな助けとなる. 連言に関する証明の間には次の関係が成り立つ.

命題 $\sigma_1, \ldots, \sigma_n$ を仮定とし命題 $\varphi \wedge \chi$ を結論とする証明があるための必要十分条件は

- $\sigma_1, \ldots, \sigma_n$ を仮定とし φ を結論とする証明,
- $\sigma_1, \ldots, \sigma_n$ を仮定とし χ を結論とする証明

があることである.

実際, $\sigma_1, \ldots, \sigma_n$ を仮定とし $\varphi \wedge \chi$ を結論とする証明があれば, $\wedge$ 除去を適用することにより, $\sigma_1, \ldots, \sigma_n$ を仮定としそれぞれ φ および χ を結論とする証明が構成できる. 逆に, $\sigma_1, \ldots, \sigma_n$ を仮定としそれぞれ φ および χ を結論とする証明があれば, それらに $\wedge$ 導入を適用することにより, $\sigma_1, \ldots, \sigma_n$ を仮定とし $\varphi \wedge \chi$ を結論とする証明が構成できる.

記法 2.9. n 個 $(n \geq 1)$ の命題 $\varphi_1, \ldots, \varphi_n$ に対して, その連言

$$\varphi_1 \wedge \cdots \wedge \varphi_n \quad \text{あるいは} \quad \bigwedge_{i=1}^{n} \varphi_i$$

を次のように**帰納的** (inductive) に定義する.

- $n = 1$ のとき, $\varphi_1 \wedge \cdots \wedge \varphi_n \equiv \varphi_1$
- $n = k + 1 (k \geq 1)$ のとき, $\varphi_1 \wedge \cdots \wedge \varphi_n \equiv (\varphi_1 \wedge \cdots \wedge \varphi_k) \wedge \varphi_{k+1}$

($n = k + 1$ のときの $\varphi_1 \wedge \cdots \wedge \varphi_k$ はすでに定義されていることに注意せよ.)

2.3 ∨ の導入と除去

∨ 導入

仮定 $\sigma_1, \ldots, \sigma_n$ から結論 $\varphi \vee \chi$ (φ または χ) を導くためには, 仮定 $\sigma_1, \ldots, \sigma_n$ から φ を導くか, あるいは仮定 $\sigma_1, \ldots, \sigma_n$ から χ を導けば十分である. 実際, 命題 $\sigma_1, \ldots, \sigma_n$ を仮定とし命題 φ を結論とする証明

$\sigma_1, \ldots, \sigma_n$ と仮定する
$\mathcal{D}$
よって φ

があるとき，以下のように $\sigma_1, \ldots, \sigma_n$ を仮定とし $\varphi \vee \chi$ あるいは $\chi \vee \varphi$ を結論とする証明を構成できる．

$\sigma_1, \ldots, \sigma_n$ と仮定する
$\mathcal{D}$
よって φ
したがって $\varphi \vee \chi$　　# $\vee$ 導入

$\sigma_1, \ldots, \sigma_n$ と仮定する
$\mathcal{D}$
よって φ
したがって $\chi \vee \varphi$　　# $\vee$ 導入

この証明の構成法を $\vee$ **導入** ($\vee$-introduction) と呼ぶ．

例 2.10. 以下の証明は，$\varphi \wedge \chi$ を仮定とし $\varphi \wedge \chi$ を結論とする基底形の証明である．

$\varphi \wedge \chi$ と仮定する
よって $\varphi \wedge \chi$

したがって

$\varphi \wedge \chi$ と仮定する
よって $\varphi \wedge \chi$
したがって $(\varphi \wedge \chi) \vee (\varphi \wedge \psi)$　　# $\vee$ 導入

$\varphi \wedge \chi$ と仮定する
よって $\varphi \wedge \chi$
したがって $(\varphi \wedge \psi) \vee (\varphi \wedge \chi)$　　# $\vee$ 導入

は，$\varphi \wedge \chi$ を仮定としそれぞれ $(\varphi \wedge \chi) \vee (\varphi \wedge \psi)$ および $(\varphi \wedge \psi) \vee (\varphi \wedge \chi)$ を結論とする証明である．

∨除去

仮定 $\sigma_1, \ldots, \sigma_n$ から結論 $\varphi \vee \chi$（φ または χ）が導け，さらに $\sigma_1, \ldots, \sigma_n, \varphi$ を仮定すると結論 ψ が導け，$\sigma_1, \ldots, \sigma_n, \chi$ を仮定すると同じ結論 ψ が導ける場合，仮定 $\sigma_1, \ldots, \sigma_n$ から ψ を導いてよいだろう．実際，命題 $\sigma_1, \ldots, \sigma_n$ を仮定とし命題 $\varphi \vee \chi$ を結論とする証明

$\sigma_1, \ldots, \sigma_n$ と仮定する
$\mathcal{D}_1$
よって $\varphi \vee \chi$

があり，それぞれ命題 $\sigma_1, \ldots, \sigma_n, \varphi$ および $\sigma_1, \ldots, \sigma_n, \chi$ を仮定とし命題 ψ を結論とする 2 つの証明

$\sigma_1, \ldots, \sigma_n$ と仮定する	$\sigma_1, \ldots, \sigma_n$ と仮定する
φ と仮定する	χ と仮定する
$\mathcal{D}_2$	$\mathcal{D}_3$
よって ψ	よって ψ

があるとき，次のように $\sigma_1, \ldots, \sigma_n$ を仮定とし ψ を結論とする証明を構成できる．

$\sigma_1, \ldots, \sigma_n$ と仮定する
$\mathcal{D}_1$
よって $\varphi \vee \chi$
[φ のとき]^1
$\mathcal{D}_2$
よって ψ
[χ のとき]^1
$\mathcal{D}_3$
よって ψ
いずれの場合も ψ # ∨除去^1

この証明の構成法を ∨ **除去** (∨-elimination) と呼ぶ．

注 2.11. 上記の証明中の「よって ψ」を導くための新たな仮定「φ のとき」および「χ のとき」は一時的な仮定であり，最終的な結論「いずれの場合も ψ」を導く際には全体の証明の仮定から取り除かれている．全体の証明の仮定から取り除かれた一時的な仮定は [φ のとき] のように [,] で囲むことにする．また，どの構成法が取り除いたかを明示するために，[φ のとき]^1 のように添字を付すことがある．

例 2.12. 次の証明は，$\varphi \vee \chi$ を仮定とし $\varphi \vee \chi$ を結論とする基底形の証明である．

$\varphi \vee \chi$ と仮定する
よって $\varphi \vee \chi$

また，以下の証明はそれぞれ $\varphi \vee \chi, \varphi$ および $\varphi \vee \chi, \chi$ を仮定とし $\chi \vee \varphi$ を結論とする証明である．

$\varphi \vee \chi, \varphi$ と仮定する
　よって φ
したがって $\chi \vee \varphi$　　# $\vee$ 導入

$\varphi \vee \chi, \chi$ と仮定する
　よって χ
したがって $\chi \vee \varphi$　　# $\vee$ 導入

したがって

$\varphi \vee \chi$ と仮定する
　よって $\varphi \vee \chi$
　[φ のとき]^1
　　よって φ
　したがって $\chi \vee \varphi$　　# $\vee$ 導入
　[χ のとき]^1
　　よって χ
　したがって $\chi \vee \varphi$　　# $\vee$ 導入
いずれの場合も $\chi \vee \varphi$　　# $\vee$ 除去^1

は，$\varphi \vee \chi$ を仮定とし $\chi \vee \varphi$ を結論とする証明である．

問 2.13. $\varphi \vee \varphi$ を仮定とし φ を結論とする証明を構成せよ.

問 2.14. $\varphi \vee (\chi \vee \psi)$ を仮定とし $(\varphi \vee \chi) \vee \psi$ を結論とする証明を構成せよ.

記法 2.15. n 個 $(n \geq 1)$ の命題 $\varphi_1, \ldots, \varphi_n$ に対して，その選言

$$\varphi_1 \vee \cdots \vee \varphi_n \quad \text{あるいは} \quad \bigvee_{i=1}^{n} \varphi_i$$

を次のように帰納的に定義する.

- $n = 1$ のとき，$\varphi_1 \vee \cdots \vee \varphi_n \equiv \varphi_1$
- $n = k + 1 (k \geq 1)$ のとき，$\varphi_1 \vee \cdots \vee \varphi_n \equiv (\varphi_1 \vee \cdots \vee \varphi_k) \vee \varphi_{k+1}$

2.4　証明の例

例 2.16. 次の証明は，$\varphi \vee (\varphi \wedge \chi)$ を仮定とし φ を結論とする証明である.

$\varphi \vee (\varphi \wedge \chi)$ と仮定する
　よって $\varphi \vee (\varphi \wedge \chi)$
　$[\varphi$ のとき$]^1$
　したがって φ
　$[\varphi \wedge \chi$ のとき$]^1$
　　よって $\varphi \wedge \chi$
　したがって φ　　　　# $\wedge$ 除去
いずれの場合も φ　　　　# $\vee$ 除去^1

問 2.17. φ を仮定とし $\varphi \wedge (\varphi \vee \chi)$ を結論とする証明を構成せよ.

例 2.18. 次の証明は，$\varphi \wedge (\chi \vee \psi)$ を仮定とし $(\varphi \wedge \chi) \vee (\varphi \wedge \psi)$ を結論とする証明である.

$\varphi \wedge (\chi \vee \psi)$ と仮定する
　　よって $\varphi \wedge (\chi \vee \psi)$
　したがって $\chi \vee \psi$　　# $\wedge$ 除去
　[χ のとき][1]
　　　よって $\varphi \wedge (\chi \vee \psi)$
　　したがって φ　　# $\wedge$ 除去
　　したがって χ
　よって $\varphi \wedge \chi$　　# $\wedge$ 導入
　ゆえに $(\varphi \wedge \chi) \vee (\varphi \wedge \psi)$　　# $\vee$ 導入
　[ψ のとき][1]
　　　よって $\varphi \wedge (\chi \vee \psi)$
　　したがって φ　　# $\wedge$ 除去
　　したがって ψ
　よって $\varphi \wedge \psi$　　# $\wedge$ 導入
　ゆえに $(\varphi \wedge \chi) \vee (\varphi \wedge \psi)$　　# $\vee$ 導入
いずれの場合も $(\varphi \wedge \chi) \vee (\varphi \wedge \psi)$　　# $\vee$ 除去[1]

問 2.19. $(\varphi \wedge \chi) \vee (\varphi \wedge \psi)$ を仮定とし $\varphi \wedge (\chi \vee \psi)$ を結論とする証明を構成せよ．

例 2.20. 次の証明は，$(\varphi \vee \chi) \wedge (\varphi \vee \psi)$ を仮定とし $\varphi \vee (\chi \wedge \psi)$ を結論とする証明である．

$(\varphi \vee \chi) \wedge (\varphi \vee \psi)$ と仮定する

　　よって $(\varphi \vee \chi) \wedge (\varphi \vee \psi)$

　したがって $\varphi \vee \chi$　　# $\wedge$ 除去

　$[\varphi$ のとき$]^2$

　　よって φ

　したがって $\varphi \vee (\chi \wedge \psi)$　　# $\vee$ 導入

　$[\chi$ のとき$]^2$

　　　よって $(\varphi \vee \chi) \wedge (\varphi \vee \psi)$

　　したがって $\varphi \vee \psi$　　# $\wedge$ 除去

　　$[\varphi$ のとき$]^1$

　　　よって φ

　　したがって $\varphi \vee (\chi \wedge \psi)$　　# $\vee$ 導入

　　$[\psi$ のとき$]^1$

　　　　よって χ

　　　　よって ψ

　　　よって $\chi \wedge \psi$　　# $\wedge$ 導入

　　したがって $\varphi \vee (\chi \wedge \psi)$　　# $\vee$ 導入

　いずれの場合も $\varphi \vee (\chi \wedge \psi)$　　# $\vee$ 除去^1

いずれの場合も $\varphi \vee (\chi \wedge \psi)$　　# $\vee$ 除去^2

問 2.21. $\varphi \vee (\chi \wedge \psi)$ を仮定とし $(\varphi \vee \chi) \wedge (\varphi \vee \psi)$ を結論とする証明を構成せよ.

第3章
命題と証明(2)

前章に引き続き本章では，含意に関する証明の構成法について述べる．また，いくつかの証明を合成して新たな証明を構成する方法について説明し，含意を含む証明の例を挙げる．

3.1 → の導入と除去

→ 導入

仮定 $\sigma_1, \ldots, \sigma_n$ から結論 $\varphi \to \chi$（φ ならば χ）を導くためには，$\sigma_1, \ldots, \sigma_n$ を仮定し，さらに φ を仮定して χ を導けば十分である．実際，命題 $\sigma_1, \ldots, \sigma_n, \varphi$ を仮定とし命題 χ を結論とする証明

$\sigma_1, \ldots, \sigma_n$ と仮定する
φ と仮定する
$\mathcal{D}$
よって χ

があるとき，次のように $\sigma_1, \ldots, \sigma_n$ を仮定とし $\varphi \to \chi$ を結論とする証明を構成できる．

$\sigma_1, \ldots, \sigma_n$ と仮定する
[φ ならば]^1
$\mathcal{D}$
よって χ
したがって $\varphi \to \chi$　　# →導入^1

この証明の構成法を **→ 導入** (→-introduction) と呼ぶ．

注 3.1. 上記の証明中の「よって χ」を導くための新たな仮定「φ ならば」は一時的な仮定であり，最終的な結論「したがって $\varphi \to \chi$」を導く際には全体の証明の仮定から取り除かれている.

例 3.2. 次の証明は，φ, χ を仮定し φ を結論とする基底形の証明である.

φ と仮定する
χ と仮定する
よって φ

したがって

φ と仮定する
　[χ ならば]^1
　よって φ
したがって $\chi \to \varphi$　　# →導入^1

は，φ を仮定とし $\chi \to \varphi$ を結論とする証明である. ゆえに

[φ ならば]^2
　[χ ならば]^1
　よって φ
　したがって $\chi \to \varphi$　　# →導入^1
ゆえに $\varphi \to (\chi \to \varphi)$　　# →導入^2

は定理 $\varphi \to (\chi \to \varphi)$ の証明である.

問 3.3. 定理 $\varphi \to (\chi \to (\varphi \wedge \chi))$ の証明を構成せよ.

→ 除去

仮定 $\sigma_1, \ldots, \sigma_n$ から結論 $\varphi \to \chi$（φ ならば χ）が導け，仮定 $\sigma_1, \ldots, \sigma_n$ から結論 φ が導ける場合，仮定 $\sigma_1, \ldots, \sigma_n$ から χ を導いてよいだろう. 実際，命題 $\sigma_1, \ldots, \sigma_n$ を仮定としそれぞれ命題 $\varphi \to \chi$ および命題 φ を結論とする 2 つの証明

$\sigma_1, \ldots, \sigma_n$ と仮定する
　$\mathcal{D}_1$
よって $\varphi \to \chi$

$\sigma_1, \ldots, \sigma_n$ と仮定する
　$\mathcal{D}_2$
よって φ

があるとき，次のように $\sigma_1, \ldots, \sigma_n$ を仮定とし χ を結論とする証明を構成できる．

$\sigma_1, \ldots, \sigma_n$ と仮定する
　$\mathcal{D}_1$
よって $\varphi \to \chi$
　$\mathcal{D}_2$
よって φ
したがって χ　　# →除去

この証明の構成法を → **除去** (→-elimination) と呼ぶ．

例 3.4. 以下の証明は，$\varphi \to (\chi \to \psi), \chi, \varphi$ を仮定としそれぞれ $\varphi \to (\chi \to \psi)$，$\varphi$ および χ を結論とする基底形の証明である．

$\varphi \to (\chi \to \psi)$ と仮定する
χ と仮定する
φ と仮定する
よって $\varphi \to (\chi \to \psi)$

$\varphi \to (\chi \to \psi)$ と仮定する
χ と仮定する
φ と仮定する
よって φ

$\varphi \to (\chi \to \psi)$ と仮定する
χ と仮定する
φ と仮定する
よって χ

したがって

$\varphi \to (\chi \to \psi)$ と仮定する
　[χ ならば]^2
　　[φ ならば]^1
　　　　よって $\varphi \to (\chi \to \psi)$
　　　　よって φ
　　　したがって $\chi \to \psi$　　　# →除去
　　　よって χ
　　したがって ψ　　　# →除去
　よって $\varphi \to \psi$　　　# →導入^1
ゆえに $\chi \to (\varphi \to \psi)$　　　# →導入^2

は，$\varphi \to (\chi \to \psi)$ を仮定とし $\chi \to (\varphi \to \psi)$ を結論とする証明である．

問 3.5. $\varphi \to (\varphi \to \chi)$ を仮定とし $\varphi \to \chi$ を結論とする証明を構成せよ．

注 3.6. 含意に関する証明の間には次の関係が成り立つ．

命題 $\sigma_1, \ldots, \sigma_n$ を仮定とし命題 $\varphi \to \chi$ を結論とする証明があるための必要十分条件は

- $\sigma_1, \ldots, \sigma_n, \varphi$ を仮定とし χ を結論とする証明がある

ことである．

実際，$\sigma_1, \ldots, \sigma_n$ を仮定とし $\varphi \to \chi$ を結論とする証明があれば，仮定を増やすことにより $\sigma_1, \ldots, \sigma_n, \varphi$ を仮定とし $\varphi \to \chi$ を結論とする証明がある．一方，$\sigma_1, \ldots, \sigma_n, \varphi$ を仮定とし φ を結論とする基底形の証明がある．これらに → 除去を適用することにより $\sigma_1, \ldots, \sigma_n, \varphi$ を仮定とし χ を結論とする証明が構成できる．逆に，$\sigma_1, \ldots, \sigma_n, \varphi$ を仮定とし χ を結論とする証明があれば，それに → 導入を適用することにより $\sigma_1, \ldots, \sigma_n$ を仮定とし $\varphi \to \chi$ を結論とする証明が構成できる．

したがって，仮定 $\sigma_1, \ldots, \sigma_n$ の下で「χ であるための十分条件は φ である」（「φ であるための必要条件は χ である」）ことを示すには，$\sigma_1, \ldots, \sigma_n, \varphi$ を仮定とし χ を結論とする証明を構成すればよい．

また，$\sigma_1, \ldots, \sigma_n$ を仮定とし $\varphi \leftrightarrow \chi$ を結論とする証明があるための必要十分条件は

- $\sigma_1, \ldots, \sigma_n, \varphi$ を仮定とし χ を結論とする証明がある，
- $\sigma_1, \ldots, \sigma_n, \chi$ を仮定とし φ を結論とする証明がある

ことである．このことは

$$\varphi \leftrightarrow \chi \equiv (\varphi \to \chi) \land (\chi \to \varphi)$$

に注意すれば，注 2.8 と上述のことからわかる．

したがって，仮定 $\sigma_1, \ldots, \sigma_n$ の下で「φ であるための必要十分条件は χ である」(「φ であるとき，またそのときのみ χ である」) ことを示すには，上記 2 つの証明を構成すればよい．また $\varphi \leftrightarrow \chi$ が定理であるとき，φ と χ は互いに**同値** (equivalent) であるという．

問 3.7. 例 2.18 と問 2.19 より $(\varphi \land (\chi \lor \psi)) \leftrightarrow ((\varphi \land \chi) \lor (\varphi \land \psi))$，例 2.20 と問 2.21 より $(\varphi \lor (\chi \land \psi)) \leftrightarrow ((\varphi \lor \chi) \land (\varphi \lor \psi))$ がそれぞれ定理であることを確かめよ．

3.2　証明の合成

命題 $\sigma_1, \ldots, \sigma_n$ を仮定とし命題 φ を結論とする証明

$\sigma_1, \ldots, \sigma_n$ と仮定する
$\mathcal{D}$
よって φ

があり，命題 $\tau_1, \ldots, \tau_m$ を仮定とし，それぞれ σ_k を結論とする以下の証明

$\tau_1, \ldots, \tau_m$ と仮定する
$\mathcal{D}_k$
よって σ_k

$(k=1,\ldots,n)$ があるとき，次のように $\tau_1,\ldots,\tau_m$ を仮定とし φ を結論とする証明が構成できる．

$\tau_1,\ldots,\tau_m$ と仮定する
$\mathcal{D}_1$
よって σ_1
$\vdots$
$\mathcal{D}_n$
よって σ_n
$\mathcal{D}$
したがって φ

例 3.8. 命題 $\sigma_1,\ldots,\sigma_n$ を仮定としそれぞれ命題 $\varphi\to\chi$ および $\chi\to\psi$ を結論とする証明があれば，注 3.6 より $\sigma_1,\ldots,\sigma_n,\varphi$ を仮定とし χ を結論とする証明および $\sigma_1,\ldots,\sigma_n,\chi$ を仮定とし ψ を結論とする以下の証明がある．

$\sigma_1,\ldots,\sigma_n,\varphi$ と仮定する	$\sigma_1,\ldots,\sigma_n,\chi$ と仮定する
$\mathcal{D}$	$\mathcal{D}'$
よって χ	よって ψ

また，$\sigma_1,\ldots,\sigma_n,\varphi$ を仮定とし，それぞれ σ_k $(k=1,\ldots,n)$ を結論とする基底形の証明がある．したがって，次のように $\sigma_1,\ldots,\sigma_n,\varphi$ を仮定とし ψ を結論とする証明が構成できる．

$\sigma_1,\ldots,\sigma_n,\varphi$ と仮定する
よって σ_1
$\vdots$
よって σ_n
$\mathcal{D}$
よって χ
$\mathcal{D}'$
したがって ψ

ゆえに，注 3.6 より $\sigma_1, \ldots, \sigma_n$ を仮定とし $\varphi \to \psi$ を結論とする証明が構成できる．

問 3.9. 命題 $\sigma_1, \ldots, \sigma_n$ を仮定としそれぞれ命題 $\varphi \leftrightarrow \chi$ および $\chi \leftrightarrow \psi$ を結論とする証明があれば，$\sigma_1, \ldots, \sigma_n$ を仮定とし $\varphi \leftrightarrow \psi$ を結論とする証明があることを示せ．

例 3.10. 命題 σ, τ を仮定とし命題 φ を結論とする証明

σ, τ と仮定する
　$\mathcal{D}$
よって φ

があるとき，$\sigma \wedge \tau$ を仮定としそれぞれ σ および τ を結論とする証明

$\sigma \wedge \tau$ と仮定する		$\sigma \wedge \tau$ と仮定する	
よって $\sigma \wedge \tau$		よって $\sigma \wedge \tau$	
したがって σ	# $\wedge$ 除去	したがって τ	# $\wedge$ 除去

があるので，次のように $\sigma \wedge \tau$ を仮定とし φ を結論とする証明が構成できる．

$\sigma \wedge \tau$ と仮定する	
よって $\sigma \wedge \tau$	
したがって σ	# $\wedge$ 除去
よって $\sigma \wedge \tau$	
したがって τ	# $\wedge$ 除去
$\mathcal{D}$	
ゆえに φ	

逆に，$\sigma \wedge \tau$ を仮定とし φ を結論とする証明

$\sigma \wedge \tau$ と仮定する
　$\mathcal{D}'$
よって φ

があるとき，σ, τ を仮定とし $\sigma \wedge \tau$ を結論とする証明

σ, τ と仮定する
　よって σ
　よって τ
したがって $\sigma \wedge \tau$　　　# $\wedge$ 導入

があるので，次の σ, τ を仮定とし φ を結論とする証明が構成できる．

σ, τ と仮定する
　　よって σ
　　よって τ
　したがって $\sigma \wedge \tau$　　　# $\wedge$ 導入
　　$\mathcal{D}'$
ゆえに φ

したがって，σ, τ を仮定とし φ を結論とする証明があるための必要十分条件は，$\sigma \wedge \tau$ を仮定とし φ を結論とする証明があることであり，注 3.6 より $(\sigma \wedge \tau) \to \varphi$ が定理であることである．

注 3.11. 一般に，以下は互いに同値である．

- $\sigma_1, \ldots, \sigma_n$ を仮定とし φ を結論とする証明がある，
- $\sigma_1 \wedge \cdots \wedge \sigma_n$ を仮定とし φ を結論とする証明がある，
- $(\sigma_1 \wedge \cdots \wedge \sigma_n) \to \varphi$ は定理である．

3.3　証明の例

以下の例では，結論が仮定に含まれる場合（基底形）や仮定を増やす場合の証明など，明らかな証明は省略することとする．

例 3.12. 次の証明は，$\varphi \to \chi$ を仮定とし $(\psi \to \varphi) \to (\psi \to \chi)$ を結論とする証明である．

$\varphi \to \chi$ と仮定する
　[$\psi \to \varphi$ ならば]^2
　　[ψ ならば]^1
　　　したがって φ　　# →除去
　　よって χ　　# →除去
　したがって $\psi \to \chi$　　# →導入^1
ゆえに $(\psi \to \varphi) \to (\psi \to \chi)$　　# →導入^2

問 3.13. $\varphi \to \chi$ を仮定とし $(\chi \to \psi) \to (\varphi \to \psi)$ を結論とする証明を構成せよ.

例 3.14. 次の証明は, $\varphi \to (\chi \to \psi)$ を仮定とし $(\varphi \to \chi) \to (\varphi \to \psi)$ を結論とする証明である.

$\varphi \to (\chi \to \psi)$ と仮定する
　[$\varphi \to \chi$ ならば]^2
　　[φ ならば]^1
　　　よって $\chi \to \psi$　　# →除去
　　　よって χ　　# →除去
　　したがって ψ　　# →除去
　したがって $\varphi \to \psi$　　# →導入^1
ゆえに $(\varphi \to \chi) \to (\varphi \to \psi)$　　# →導入^2

例 3.15. 次の証明は, $\varphi \to (\chi \to \psi)$ を仮定とし $(\varphi \wedge \chi) \to \psi$ を結論とする証明である.

$\varphi \to (\chi \to \psi)$ と仮定する
  [$\varphi \wedge \chi$ ならば][1]
    よって φ # $\wedge$ 除去
   よって $\chi \to \psi$ # $\to$除去
   よって χ # $\wedge$ 除去
  したがって ψ # $\to$除去
ゆえに $(\varphi \wedge \chi) \to \psi$ # $\to$導入[1]

問 3.16. $(\varphi \wedge \chi) \to \psi$ を仮定とし $\varphi \to (\chi \to \psi)$ を結論とする証明を構成せよ．

例 3.17. 次の証明は，$\psi \to \varphi, \psi \to \chi$ を仮定とし $\psi \to (\varphi \wedge \chi)$ を結論とする証明である．

$\psi \to \varphi, \psi \to \chi$ と仮定する
  [ψ ならば][1]
   よって φ # $\to$除去
   よって χ # $\to$除去
  したがって $\varphi \wedge \chi$ # $\wedge$ 導入
ゆえに $\psi \to (\varphi \wedge \chi)$ # $\to$導入[1]

例 3.18. 次の証明は，$\varphi \to \psi, \chi \to \psi$ を仮定とし $(\varphi \vee \chi) \to \psi$ を結論とする証明である．

$\varphi \to \psi, \chi \to \psi$ と仮定する
  [$\varphi \vee \chi$ ならば][2]
   [φ のとき][1]
   よって ψ # $\to$除去
   [χ のとき][1]
   よって ψ # $\to$除去
  いずれの場合も ψ # $\vee$ 除去[1]
ゆえに $(\varphi \vee \chi) \to \psi$ # $\to$導入[2]

第 4 章
否定と背理法

本章では，矛盾を表す命題を導入することにより否定を定義し，その真理値の計算法を述べる．また，矛盾に関する証明の構成法（EFQ と背理法）について述べ，否定を含む証明の例を挙げる．

4.1　矛盾と否定

1.2 節で，基本的な命題から新たな命題を構成する方法として「かつ」，「または」，「ならば」について述べた．それら以外に，否定 (negation) によって命題から新たな命題を構成することができる．

例 4.1. 命題 $\varphi_{\sqrt{2}}$ を「$\sqrt{2}$ は有理数である」とする．$\varphi_{\sqrt{2}}$ の否定は「$\varphi_{\sqrt{2}}$ でない」，すなわち「$\sqrt{2}$ は有理数でない」となる．

否定を定義するために，**矛盾**（恒に偽，absurdity）を表す記号 $\bot$ を導入する．矛盾 $\bot$ の真理値は次のようになる．

$\bot$
$\mathtt{f}$

今「φ でない」とする．このとき，φ ならば矛盾 ($\bot$) する．したがって，「φ でない」ときは $\varphi \to \bot$ が導ける．また $\varphi \to \bot$ であるとき，φ ならば矛盾する，すなわち「φ でない」．したがって，以下の記法を導入し否定を表すことにする．

記法 4.2. 命題 φ に対して，記号 $\neg\varphi$（φ でない）は命題 $\varphi \to \bot$ を表すものとする．すなわち

$$\neg\varphi \equiv (\varphi \to \bot).$$

$a = b$ および $a \in A$ の否定をそれぞれ記号 $a \neq b$ および $a \notin A$ で表す．すなわち

$$a \neq b \equiv \neg(a = b) \equiv (a = b \to \bot),$$
$$a \notin A \equiv \neg(a \in A) \equiv (a \in A \to \bot).$$

例 4.3. 命題 $\chi_{\sqrt{2}}$ を「$\sqrt{2}$ は無理数である」とする．無理数は有理数でない実数である．したがって，$\chi_{\sqrt{2}} \equiv \neg(\varphi_{\sqrt{2}})$ となる．

命題 $\neg\varphi$ の真理値は命題 φ の真理値に応じて次のようになる

φ	$\neg\varphi$
t	f
f	t

例 4.4. 命題 $\varphi \leftrightarrow \neg\neg\varphi$ の真理値表は次のようになる（注 1.34）．

φ	$\neg\varphi$	$\neg\neg\varphi$	$\varphi \leftrightarrow \neg\neg\varphi$
t	f	t	t
f	t	f	t

問 4.5. 命題 $(\varphi \to \chi) \leftrightarrow (\neg\chi \to \neg\varphi)$ の真理値表を書け．

¬ の導入と除去

以下および次節では，（真理値とは独立に）否定と矛盾に関する証明の構成法について述べる．

仮定 $\sigma_1, \ldots, \sigma_n$ から結論 $\neg\varphi$ を導くためには，仮定 $\sigma_1, \ldots, \sigma_n, \varphi$ から矛盾 $(\bot)$ を導けば十分である．実際，命題 $\sigma_1, \ldots, \sigma_n, \varphi$ を仮定とし矛盾 $(\bot)$ を結論とする証明

$\sigma_1, \ldots, \sigma_n$ と仮定する
φ と仮定する
$\mathcal{D}$
よって $\bot$

があるとき，→ 導入を用いて次のように $\sigma_1, \ldots, \sigma_n$ を仮定とし $\neg\varphi$ を結論とする証明を構成できる．

$\sigma_1, \ldots, \sigma_n$ と仮定する
[φ ならば]^1
$\mathcal{D}$
よって $\bot$
したがって $\neg\varphi$　　# →導入^1

この証明の構成法を ¬ **導入** (¬-introduction) と呼ぶ場合がある．

注 4.6. 上記の構成法は，第3章で述べた含意に関する証明の構成法 → 導入のみを用いており，次節で述べる背理法とは異なる．この構成法も背理法と呼ばれることもあるが正確な用法ではない（**背理法ではない**）．

例 4.7. $\sqrt{2}$ は有理数であると仮定し矛盾を導く証明

$\varphi_{\sqrt{2}}$ と仮定する
$\mathcal{D}_{\sqrt{2}}$
よって $\bot$

が知られている．$\chi_{\sqrt{2}} \equiv \neg(\varphi_{\sqrt{2}})$ に注意すれば，次の証明は「$\sqrt{2}$ は無理数である」の背理法を用いない証明である（背理法を用いた証明は例 4.28 参照）．

[$\varphi_{\sqrt{2}}$ ならば]^1
$\mathcal{D}_{\sqrt{2}}$
よって $\bot$
したがって $\chi_{\sqrt{2}}$　　# →導入^1

仮定 $\sigma_1, \dots, \sigma_n$ から結論 $\neg\varphi$（φ でない）が導け，仮定 $\sigma_1, \dots, \sigma_n$ から結論 φ が導ける場合，仮定 $\sigma_1, \dots, \sigma_n$ から矛盾 ($\bot$) を導いてよいだろう．実際，命題 $\sigma_1, \dots, \sigma_n$ を仮定としそれぞれ命題 $\neg\varphi$ および命題 φ を結論とする 2 つの証明

$\sigma_1, \dots, \sigma_n$ と仮定する	$\sigma_1, \dots, \sigma_n$ と仮定する
$\mathcal{D}_1$	$\mathcal{D}_2$
よって $\neg\varphi$	よって φ

があるとき，$\to$ 除去を用いて次のように $\sigma_1, \dots, \sigma_n$ を仮定とし $\bot$ を結論とする証明を構成できる．

$\sigma_1, \dots, \sigma_n$ と仮定する
$\mathcal{D}_1$
よって $\neg\varphi$
$\mathcal{D}_2$
よって φ
したがって $\bot$ # $\to$除去

この証明の構成法を **$\neg$ 除去** ($\neg$-elimination) と呼ぶ場合がある．

例 4.8. 次の証明は定理 $\varphi \to \neg\neg\varphi$ の証明である．

[φ ならば]^2
[$\neg\varphi$ ならば]^1
よって $\bot$ # $\to$除去
したがって $\neg\neg\varphi$ # $\to$導入^1
ゆえに $\varphi \to \neg\neg\varphi$ # $\to$導入^2

問 4.9. $\varphi \to \chi$ を仮定とし $\neg\chi \to \neg\varphi$ を結論とする証明を構成せよ．

例 4.10. 次の証明は定理 $\neg\neg\neg\varphi \to \neg\varphi$ の証明である．

[$\neg\neg\neg\varphi$ ならば]^3
[φ ならば]^2
[$\neg\varphi$ ならば]^1
よって $\bot$　# $\to$除去
したがって $\neg\neg\varphi$　# $\to$導入^1
よって $\bot$　# $\to$除去
したがって $\neg\varphi$　# $\to$導入^2
ゆえに $\neg\neg\neg\varphi \to \neg\varphi$　# $\to$導入^3

例 4.8 より $\neg\varphi\to\neg\neg(\neg\varphi)$ は定理なので，注 2.8 より $\neg\varphi\leftrightarrow\neg\neg\neg\varphi$ は定理である．

例 4.11. 次の証明は，定理 $(\neg\varphi \wedge \neg\chi) \to \neg(\varphi \vee \chi)$ の証明である．

[$\neg\varphi \wedge \neg\chi$ ならば]^3
[$\varphi \vee \chi$ ならば]^2
[φ のとき]^1
よって $\neg\varphi$　# $\wedge$除去
したがって $\bot$　# $\to$除去
[χ のとき]^1
よって $\neg\chi$　# $\wedge$除去
したがって $\bot$　# $\to$除去
いずれの場合も $\bot$　# $\vee$除去^1
したがって $\neg(\varphi \vee \chi)$　# $\to$導入^2
ゆえに $(\neg\varphi \wedge \neg\chi) \to \neg(\varphi \vee \chi)$　# $\to$導入^3

問 4.12. 定理 $\neg(\varphi \vee \chi) \to (\neg\varphi \wedge \neg\chi)$ を証明せよ．

記法 4.13. 記号 $\top$ は命題 $\bot \to \bot$ を表すものとする．すなわち，

$$\top \equiv (\bot \to \bot).$$

その真理値は次のようになる．

$$\frac{\overline{\top}}{\mathtt{t}}$$

したがって，$\top$ は恒に真を表す．

例 4.14. 次の証明は，φ を仮定とし $\top \wedge \varphi$ を結論とする証明である．

φ と仮定する
　　[$\bot$ ならば][1]
　　よって $\bot$
　したがって $\top$ 　　　　# $\to$導入[1]
ゆえに $\top \wedge \varphi$ 　　　　# $\wedge$導入

$\top \wedge \varphi$ を仮定とし φ を結論とする証明は容易に構成できるので（$\wedge$ 除去），注 3.6 より $(\top \wedge \varphi) \leftrightarrow \varphi$ は定理である．

問 4.15. 定理 $(\top \vee \varphi) \leftrightarrow \top$ を証明せよ．

記法 4.16. 例 4.14 を用いて記法 2.9 を，次のように $n \geq 0$ の場合に拡張しておく．

- $n = 0$ のとき，$\varphi_1 \wedge \cdots \wedge \varphi_n \equiv \top$
- $n = k + 1$ $(k \geq 0)$ のとき，$\varphi_1 \wedge \cdots \wedge \varphi_n \equiv (\varphi_1 \wedge \cdots \wedge \varphi_k) \wedge \varphi_{k+1}$

4.2 EFQ と背理法

矛盾に関する証明の構成法には，EFQ と背理法がある．

結合子	構成法
矛盾	EFQ　背理法

EFQ

EFQ (ex falso quodlibet) とは，矛盾 ($\bot$) を導くことにより，任意の命題 φ

を結論づける論法である．命題 $\sigma_1, \ldots, \sigma_n$ を仮定とし矛盾 $(\bot)$ を結論とする証明

$$\begin{array}{c} \sigma_1, \ldots, \sigma_n \text{ と仮定する} \\ \mathcal{D} \\ \text{よって } \bot \end{array}$$

があるとき，次のように $\sigma_1, \ldots, \sigma_n$ を仮定とし φ を結論とする証明を構成することである．

$$\begin{array}{cr} \sigma_1, \ldots, \sigma_n \text{ と仮定する} & \\ \mathcal{D} & \\ \text{よって } \bot & \\ \text{したがって } \varphi & \text{\# EFQ} \end{array}$$

注 4.17. 命題 $\bot \to \varphi$ は恒真であり，EFQ はこのことに対応した構成法である．

$\bot$	φ	$\bot \to \varphi$
f	t	t
f	f	t

前提が $\bot$ である場合，どのような命題 φ を結論付けても，前提から結論へ至る過程（構成法）は「正しい」と考える．EFQ を用いて，空集合はすべての集合の部分集合であることが示せる（命題 6.32 参照）．

例 4.18. 次の証明は $\neg\varphi \vee \chi$ を仮定とし $\varphi \to \chi$ を結論とする証明である．

$\neg\varphi \vee \chi$ と仮定する
　[φ ならば]^2
　　[$\neg\varphi$ のとき]^1
　　　よって $\bot$ # →除去
　　したがって χ # EFQ
　　[χ のとき]^1
　　したがって χ
　いずれの場合も χ # ∨除去^1
ゆえに $\varphi \to \chi$ # →導入^2

問 4.19. $\neg\chi$ を仮定とし $(\varphi \vee \chi) \to \varphi$ を結論とする証明を構成せよ（EFQ を用いる）.

例 4.20. 次の証明は，$\bot \vee \varphi$ を仮定とし φ を結論とする証明である.

$\bot \vee \varphi$ と仮定する
　[$\bot$ のとき]^1
　よって φ # EFQ
　[φ のとき]^1
　よって φ
いずれの場合も φ # ∨除去^1

φ を仮定とし $\bot\vee\varphi$ を結論とする証明は容易に構成できるので（∨導入），注 3.6 より $(\bot \vee \varphi) \leftrightarrow \varphi$ は定理である.

問 4.21. 定理 $(\bot \wedge \varphi) \leftrightarrow \bot$ を証明せよ.

記法 4.22. 例 4.20 を用いて記法 2.15 を，次のように $n \geq 0$ の場合に拡張しておく.

- $n = 0$ のとき，$\varphi_1 \vee \cdots \vee \varphi_n \equiv \bot$
- $n = k + 1$ $(k \geq 0)$ のとき，$\varphi_1 \vee \cdots \vee \varphi_n \equiv (\varphi_1 \vee \cdots \vee \varphi_k) \vee \varphi_{k+1}$

背理法

背理法 (reductio ad absurdum, RAA) とは，φ でない ($\neg\varphi$) と仮定し矛盾 ($\bot$) を導くことにより，φ であると結論づける論法である．命題 $\sigma_1, \ldots, \sigma_n, \neg\varphi$ を仮定とし矛盾 ($\bot$) を結論とする証明

$\sigma_1, \ldots, \sigma_n$ と仮定する
$\neg\varphi$ と仮定する
$\mathcal{D}$
よって $\bot$

があるとき，次のように $\sigma_1, \ldots, \sigma_n$ を仮定とし φ を結論とする証明を構成することである．

$\sigma_1, \ldots, \sigma_n$ と仮定する
[$\neg\varphi$ とする]^1
$\mathcal{D}$
よって $\bot$
したがって φ　　　　# RAA^1

注 4.23. 上記の証明中の「よって $\bot$」を導くための新たな仮定「$\neg\varphi$ とする」は一時的な仮定であり，最終的な結論「したがって φ」を導く際には全体の証明の仮定から取り除かれている．

例 4.24. 次の証明は，**二重否定除去** (double negation elimination) と呼ばれる定理 $\neg\neg\varphi \to \varphi$ の証明である（RAA を用いる）．

[$\neg\neg\varphi$ ならば]^2
[$\neg\varphi$ とする]^1
よって $\bot$　　　　# $\to$除去
したがって φ　　　　# RAA^1
ゆえに $\neg\neg\varphi \to \varphi$　　　　# $\to$導入^2

例 4.25. 次の証明は，**排中律** (law of excluded middle) と呼ばれる定理 $\varphi \vee \neg\varphi$

の証明である（RAA を用いる）.

$[\neg(\varphi \vee \neg\varphi)$ とする$]^2$

$[\varphi$ ならば$]^1$

よって $\varphi \vee \neg\varphi$ # $\vee$ 導入

したがって $\perp$ # $\to$除去

よって $\neg\varphi$ # $\to$導入^1

したがって $\varphi \vee \neg\varphi$ # $\vee$ 導入

よって $\perp$ # $\to$除去

ゆえに $\varphi \vee \neg\varphi$ # RAA^2

注 4.26. 第 1 章では真偽が定まる文を命題としたが，命題の真理値が真あるいは偽のいずれかに定まることは，RAA を用いて証明される排中律が保証している．RAA を用いない場合，命題の真理値は恒に真あるいは偽に定まるとは限らない（注 9.10 参照）.

注 4.27. $\chi_{\sqrt{2}} \equiv \neg(\varphi_{\sqrt{2}})$ であるので，明らかに

$$\chi_{\sqrt{2}} \leftrightarrow \neg(\varphi_{\sqrt{2}})$$

は定理であり，「$\sqrt{2}$ は無理数である」と「$\sqrt{2}$ は有理数でない」は互いに同値である．一方 RAA を用いれば，例 4.8 および例 4.24 より $\varphi_{\sqrt{2}} \leftrightarrow \neg\neg(\varphi_{\sqrt{2}})$，すなわち

$$\varphi_{\sqrt{2}} \leftrightarrow \neg(\chi_{\sqrt{2}})$$

は定理であり，「$\sqrt{2}$ は有理数である」と「$\sqrt{2}$ は無理数でない」は互いに同値である．また RAA を用いれば，例 4.25 より $\varphi_{\sqrt{2}} \vee \neg(\varphi_{\sqrt{2}})$，すなわち

$$\varphi_{\sqrt{2}} \vee \chi_{\sqrt{2}}$$

は定理であり，「$\sqrt{2}$ は有理数である」または「$\sqrt{2}$ は無理数である」となる.

例 4.28. $\chi_{\sqrt{2}} \equiv \neg(\varphi_{\sqrt{2}})$ に注意すれば，次の証明は「$\sqrt{2}$ は無理数である」の背理法を用いた証明である.

$[\neg(\chi_{\sqrt{2}})$ とする$]^2$
　$[\neg(\varphi_{\sqrt{2}})$ とする$]^1$
　よって $\bot$　　　# →除去
したがって $\varphi_{\sqrt{2}}$　　　# RAA^1
　$\mathcal{D}_{\sqrt{2}}$
よって $\bot$
したがって $\chi_{\sqrt{2}}$　　　# RAA^2

例 4.29. 次の証明は，$\neg\chi \to \neg\varphi$ を仮定とし $\varphi \to \chi$ を結論とする証明である (RAA を用いる).

$\neg\chi \to \neg\varphi$ と仮定する
　$[\varphi$ ならば$]^2$
　　$[\neg\chi$ とする$]^1$
　　　よって $\neg\varphi$　　　# →除去
　　よって $\bot$　　　# →除去
　したがって χ　　　# RAA^1
ゆえに $\varphi \to \chi$　　　# →導入^2

注 4.30. $\neg\chi \to \neg\varphi$ を含意 $\varphi \to \chi$ の**対偶** (contraposition) と呼ぶ．RAA を用いれば，問 4.9，例 4.29 および注 3.6 より

$$(\varphi \to \chi) \leftrightarrow (\neg\chi \to \neg\varphi)$$

は定理であり，含意 $\varphi \to \chi$ とその対偶 $\neg\chi \to \neg\varphi$ は互いに同値である.

すべての命題 φ に対して二重否定除去 $\neg\neg\varphi \to \varphi$ を仮定すると，次のように背理法を模倣できる.

$\sigma_1, \ldots, \sigma_n$ と仮定する
$\neg\neg\varphi \to \varphi$ と仮定する
[$\neg\varphi$ ならば][1]
$\mathcal{D}$
よって $\bot$
したがって $\neg\neg\varphi$ # →導入[1]
ゆえに φ # →除去

問 4.31. すべての命題 φ に対して排中律 $\varphi \vee \neg\varphi$ を仮定すると，（EFQ を用いれば）背理法を模倣できることを示せ．

EFQ は背理法の特別な場合としてみることができる．実際，命題 $\sigma_1, \ldots, \sigma_n$ を仮定とし矛盾 $\bot$ を結論とする証明

$\sigma_1, \ldots, \sigma_n$ と仮定する
$\mathcal{D}$
よって $\bot$

があるとき，仮定 $\neg\varphi$ を追加することによって，次のように $\sigma_1, \ldots, \sigma_n, \neg\varphi$ を仮定とし $\bot$ を結論とする証明を構成することができる．

$\sigma_1, \ldots, \sigma_n$ と仮定する
$\neg\varphi$ と仮定する
$\mathcal{D}$
よって $\bot$

したがって，背理法を用いて次のように $\sigma_1, \ldots, \sigma_n$ を仮定とし φ を結論とする証明を構成することができる．

$$\begin{array}{l} \sigma_1, \ldots, \sigma_n \text{ と仮定する} \\ \quad [\neg\varphi \text{ とする}]^1 \\ \qquad \mathcal{D} \\ \quad \text{よって} \perp \\ \text{したがって } \varphi \qquad\qquad \# \ \mathrm{RAA}^1 \end{array}$$

背理法 (RAA) を用いる論理を**古典論理** (classical logic)，RAA は用いないが EFQ を用いる論理を**構成的論理** (constructive logic) あるいは**直観主義論理** (intuitionistic logic)，RAA も EFQ も用いない論理を**最小論理** (minimal logic) という．

注 4.32. 第1章で真理値表を用いて恒真の概念を定義し，第2章–本章ではそれとは独立に証明の概念を定義してきた．

A.　$\sigma_1, \ldots, \sigma_n$ を仮定とし φ を結論とする証明がある，

B.　$(\sigma_1 \wedge \cdots \wedge \sigma_n) \to \varphi$ は恒真である．

この2つの概念には次の関係が成り立つことが知られている（注3.11参照）．

健全性 (soundness)：(A) ならば (B)，

完全性 (completeness)：(B) ならば (A)．

したがって，命題は定理であるとき，またそのときのみ恒真であることがわかる．また，次章で述べる述語論理や構成的論理でも，単純な真理値表ではなくより複雑な数学的構造を用いて恒真の概念を定義する必要があるが，やはり健全性と完全性が成り立つことが知られている．（ここでの健全性と完全性を併せて完全性という場合もある．）

4.3　証明の例

例 4.33. 次の証明は定理 $(\neg\varphi \vee \neg\chi) \to \neg(\varphi \wedge \chi)$ の証明である．

$[\neg\varphi \vee \neg\chi$ ならば$]^3$

　$[\varphi \wedge \chi$ ならば$]^2$

　　$[\neg\varphi$ のとき$]^1$

　　　よって φ　　# $\wedge$ 除去

　　したがって $\bot$　　# $\rightarrow$除去

　　$[\neg\chi$ のとき$]^1$

　　　よって χ　　# $\wedge$ 除去

　　したがって $\bot$　　# $\rightarrow$除去

　いずれの場合も $\bot$　　# $\vee$ 除去^1

したがって $\neg(\varphi \wedge \chi)$　　# $\rightarrow$導入^2

ゆえに $(\neg\varphi \vee \neg\chi) \rightarrow \neg(\varphi \wedge \chi)$　　# $\rightarrow$導入^3

問 4.34. 定理 $(\varphi \rightarrow \chi) \rightarrow \neg(\varphi \wedge \neg\chi)$ を証明せよ．

例 4.35. 次の証明は，$\neg\neg\varphi \rightarrow \neg\neg\chi$ を仮定とし，$\neg\neg(\varphi \rightarrow \chi)$ を結論とする証明である（EFQ を用いる）．

$\neg\neg\varphi \to \neg\neg\chi$ と仮定する

$[\neg(\varphi \to \chi)$ ならば$]^5$

$[\neg\varphi$ ならば$]^2$

$[\varphi$ ならば$]^1$

したがって $\bot$　# →除去

よって χ　# EFQ

したがって $\varphi \to \chi$　# →導入^1

よって $\bot$　# →除去

したがって $\neg\neg\varphi$　# →導入^2

よって $\neg\neg\chi$　# →除去

$[\chi$ ならば$]^4$

$[\varphi$ ならば$]^3$　# 仮定の追加

したがって χ

よって $\varphi \to \chi$　# →導入^3

したがって $\bot$　# →除去

よって $\neg\chi$　# →導入^4

したがって $\bot$　# →除去

ゆえに $\neg\neg(\varphi \to \chi)$　# →導入^5

例 4.36. 次の証明は，定理 $\neg(\varphi \land \chi) \to (\neg\varphi \lor \neg\chi)$ の証明である（RAA を用いる）.

[$\neg(\varphi \wedge \chi)$ ならば][4]
[$\neg(\neg\varphi \vee \neg\chi)$ とする][3]
[φ ならば][2]
[χ ならば][1]
よって $\varphi \wedge \chi$　# $\wedge$ 導入
したがって $\perp$　# $\to$除去
よって $\neg\chi$　# $\to$導入[1]
したがって $\neg\varphi \vee \neg\chi$　# $\vee$ 導入
よって $\perp$　# $\to$除去
したがって $\neg\varphi$　# $\to$導入[2]
よって $\neg\varphi \vee \neg\chi$　# $\vee$ 導入
したがって $\perp$　# $\to$除去
よって $\neg\varphi \vee \neg\chi$　# RAA[3]
ゆえに $\neg(\varphi \wedge \chi) \to (\neg\varphi \vee \neg\chi)$　# $\to$導入[4]

例 4.37. 次の証明は，$\varphi \to \chi$ を仮定とし $\neg\varphi \vee \chi$ を結論とする証明である（RAA を用いる）．

$\varphi \to \chi$ と仮定する
[$\neg(\neg\varphi \vee \chi)$ とする][2]
[φ ならば][1]
よって χ　# $\to$除去
したがって $\neg\varphi \vee \chi$　# $\vee$ 導入
よって $\perp$　# $\to$除去
したがって $\neg\varphi$　# $\to$導入[1]
よって $\neg\varphi \vee \chi$　# $\vee$ 導入
したがって $\perp$　# $\to$除去
ゆえに $\neg\varphi \vee \chi$　# RAA[2]

問 4.38. $\neg(\varphi \wedge \neg\chi)$ を仮定とし $\varphi \to \chi$ を結論とする証明を構成せよ（RAA を用いる）．

注 4.39. 例 4.11 および問 4.12 より定理

$$\neg(\varphi \vee \chi) \leftrightarrow (\neg\varphi \wedge \neg\chi)$$

が示せる．また RAA を用いれば，例 4.33 および例 4.36 より定理

$$\neg(\varphi \wedge \chi) \leftrightarrow (\neg\varphi \vee \neg\chi)$$

が示せる．これらを**ド・モルガンの法則** (De Morgan's laws) と呼ぶ．

第5章
述語と証明

豊かな数学理論を展開するためには「すべての対象に対して，……」や「ある対象が存在して，……」などの全称と存在の表現が必要であり，命題のみでは不十分である．本章では述語の概念を導入し，述語に対して全称および存在を定義する．集合論に現れる様々な述語の例を挙げ，全称および存在に関する証明の構成法について説明する．最後に証明の例を挙げる．

5.1 述語とその構成

述語

命題「2は3の正の約数である」，「3は3の正の約数である」，「2は4の正の約数である」，「3は4の正の約数である」を考える．集合の記法を用いれば，それぞれ $2 \in \{1,3\}$，$3 \in \{1,3\}$，$2 \in \{1,2,4\}$，$3 \in \{1,2,4\}$ となる．今，対象の上を動く**変数** (individual variable) x を用いて $\varphi(x)$ を $x \in \{1,3\}$，$\varphi'(x)$ を $x \in \{1,2,4\}$ を表すものとすれば，これらは $\varphi(2)$，$\varphi(3)$，$\varphi'(2)$ および $\varphi'(3)$ と表される．この $\varphi(x)$ や $\varphi'(x)$ のように，変数を含み変数の表す対象が定まれば命題となるものを**述語** (predicate) という．一般には複数の変数を含む述語も考えることができる．

例 5.1. 集合が定義されると，それは明確な対象となる．したがって，変数 u を用いて $\chi(u)$ を $2 \in u$ を表す述語とすれば，$2 \in \{1,3\}$ は $\chi(\{1,3\})$ と表され，その真理値は $\mathtt{f}$ である．また，$\chi(\{1,2,4\})$ は $2 \in \{1,2,4\}$ を表し，その真理値は $\mathtt{t}$ である．

例 5.2. 変数 x と u を用いて $\psi(x,u)$ を $x \in u$ を表す述語とすれば，$3 \in \{1,3\}$ は $\psi(3,\{1,3\})$ と表され，その真理値は $\mathtt{t}$．$3 \in \{1,2,4\}$ は $\psi(3,\{1,2,4\})$ と表され，その真理値は $\mathtt{f}$ である．また，集合は明確な対象なので，それらを集めて

きたものも集合となる（集合の集合）．例えば，$\{\{1,3\},\{1,2,4\}\}$ は（集合の）集合である．したがって，$\psi(\{1,3\},\{\{1,3\},\{1,2,4\}\})$ は $\{1,3\} \in \{\{1,3\},\{1,2,4\}\}$ を表し，その真理値は $\mathtt{t}$ である．

注 5.3. 変数を1つも含まないもの（命題）も述語として考える．例えば，命題「$0=1$ である」を仮に変数 x を含む述語 $\varphi(x)$ と考えれば，$\varphi(0),\varphi(1),\ldots$ は，すべて「$0=1$ である」を表す．その真理値は x の値に応じて変化せず恒に $\mathtt{f}$ である．

述語 $\varphi(x)$ に対して，「すべての x に対して $\varphi(x)$」，「ある x に対して $\varphi(x)$」を組み合わせることにより，新しい述語を構成することができる．

全称命題

述語 $\varphi(x)$ に対して，述語「すべての x に対して $\varphi(x)$」あるいは「任意の x に対して $\varphi(x)$」を**全称命題** (universal proposition) といい，記号 $\forall x\varphi(x)$ で表す．ここでの記号 $\forall$ を**全称記号** (universal quantifier) という．

例 5.4. 述語 $\varphi(x)$ を「$x \in \{1,3\}$ ならば $x \in \{1,2,3,6\}$」，すなわち

$$\varphi(x) \equiv (x \in \{1,3\} \to x \in \{1,2,3,6\})$$

とする．述語 $\forall x\varphi(x)$，すなわち

$$\forall x\varphi(x) \equiv \forall x(x \in \{1,3\} \to x \in \{1,2,3,6\})$$

は「すべての x に対して，$x \in \{1,3\}$ ならば $x \in \{1,2,3,6\}$」を表す．

各対象 a に対する $\varphi(a)$ の真理値に応じて，述語 $\forall x\varphi(x)$ の真理値は次のようになる．

$\forall x\varphi(x)$	
$\mathtt{t}$	すべての対象 a に対して $\varphi(a)$ の真理値が $\mathtt{t}$
$\mathtt{f}$	それ以外

注 5.5. $\forall x\varphi(x)$ の真理値を求めるには，すべての対象 a に対して $\varphi(a)$ の真理値を求めなければならない．多くの場合，対象が無限にあるため，真理値表を用いて $\forall x\varphi(x)$ の真理値を求めることはできない．真理値とは独立な有限の手続である証明を用いて恒真性を保証することになる（注 4.32 参照）．

例 5.6. 述語 $\varphi(x)$ を「$x \in \{1,3\}$ ならば $x \in \{1,2,3,6\}$」とすれば，$\forall x\varphi(x)$ の真理値は $\mathtt{t}$ であり，述語 $\chi(x)$ を「$x \in \{1,3\}$ ならば $x \in \{1,2,4\}$」とすれば，$\forall x\chi(x)$ の真理値は $\mathtt{f}$ である．

例 5.7. 述語 $\varphi(x)$ を

$$\varphi(x) \equiv \forall u(u \in \{\{1,3\},\{1,2,4\}\} \to x \in u)$$

とすれば，$\varphi(1)$ の真理値は $\mathtt{t}$ であり，$\varphi(2)$ の真理値は $\mathtt{f}$ である．

問 5.8. 述語 $\varphi(x)$ を

$$\varphi(x) \equiv \forall u(u \in \{\{1,3\},\{1,2,4\},\{1,2,3,6\}\} \to x \in u)$$

としたとき，$\varphi(1)$ および $\varphi(3)$ の真理値を求めよ．

存在命題

述語 $\varphi(x)$ に対して，述語「ある x に対して $\varphi(x)$」あるいは「ある x が存在して $\varphi(x)$」を**存在命題** (existential proposition) といい，記号 $\exists x\varphi(x)$ で表す．ここでの記号 $\exists$ を**存在記号** (existential quantifier) という．全称記号と存在記号を併せて**量化記号** (quantifier) という．

例 5.9. 述語 $\varphi(x)$ を「$x \in \{1,3\}$ かつ $x \in \{1,2,4\}$」，すなわち

$$\varphi(x) \equiv (x \in \{1,3\} \wedge x \in \{1,2,4\})$$

とする．述語 $\exists x\varphi(x)$，すなわち

$$\exists x\varphi(x) \equiv \exists x(x \in \{1,3\} \wedge x \in \{1,2,4\})$$

は「ある x に対して，$x \in \{1,3\}$ かつ $x \in \{1,2,4\}$」を表す．

各対象 a に対する $\varphi(a)$ の真理値に応じて，述語 $\exists x\varphi(x)$ の真理値は次のようになる．

$\exists x\varphi(x)$	
t	ある対象 a に対して $\varphi(a)$ の真理値が t
f	それ以外

注 5.10. $\exists x\varphi(x)$ の真理値を求めるには，$\varphi(a)$ の真理値が t となる a を見つけるか，すべての対象 a に対して $\varphi(a)$ の真理値が f であるか判定しなければならない．対象が無限にあるため，やはり真理値表を用いて $\exists x\varphi(x)$ の真理値を求めることはできない．$\forall x\varphi(x)$ と同様に，真理値とは独立な有限の手続である証明を用いて恒真性を保証することになる（注 4.32 参照）．

例 5.11. 述語 $\varphi(x)$ を「$x \in \{1,3\}$ かつ $x \in \{1,2,4\}$」とすれば，$\exists x\varphi(x)$ の真理値は t であり，述語 $\chi(x)$ を「$x \in \{0,3\}$ かつ $x \in \{1,2,4\}$」とすれば，$\exists x\chi(x)$ の真理値は f である．

例 5.12. 述語 $\varphi(x)$ を

$$\varphi(x) \equiv \exists u(u \in \{\{1,3\},\{1,2,4\}\} \wedge x \in u)$$

とすれば，$\varphi(3)$ の真理値は t であり，$\varphi(0)$ の真理値は f である．

問 5.13. 述語 $\varphi(x)$ を

$$\varphi(x) \equiv \exists u(u \in \{\{1,3\},\{1,2,4\},\{1,2,3,6\}\} \wedge x \in u)$$

としたとき，$\varphi(4)$ および $\varphi(5)$ の真理値を求めよ．

述語の例

1.2 節および 5.1 節で見たように，基本的な述語や矛盾 ($\perp$) から始めて論理結合子（$\wedge$，$\vee$ および $\to$）と量化記号（$\forall$ および $\exists$）を繰り返し適用することにより，より複雑な様々な述語を構成することができる．

例 5.14. 集合 A と述語 $\varphi(x)$ に対して，述語

$$\forall x(x \in A \to \varphi(x))$$

は「すべての対象 a に対して，$a \in A$ ならば $\varphi(a)$ である」，すなわち「すべての A の要素 a に対して，$\varphi(a)$ である」を表す．この述語を次の記号で表す．

$$\forall x \in A\, \varphi(x) \equiv \forall x(x \in A \to \varphi(x))$$

例 5.15. 集合 A と述語 $\varphi(x)$ に対して，述語

$$\exists x(x \in A \wedge \varphi(x))$$

は「ある対象 a に対して，$a \in A$ かつ $\varphi(a)$ である」，すなわち「$\varphi(a)$ である A の要素 a が存在する」を表す．この述語を次の記号で表す．

$$\exists x \in A\, \varphi(x) \equiv \exists x(x \in A \wedge \varphi(x))$$

注 5.16. 集合 A と述語 $\varphi(x)$ に対して

$$\forall x \in A\, \varphi(x) \equiv \forall x(x \in A \to \varphi(x)) \not\equiv \forall x(x \in A \wedge \varphi(x))$$

および

$$\exists x \in A\, \varphi(x) \equiv \exists x(x \in A \wedge \varphi(x)) \not\equiv \exists x(x \in A \to \varphi(x))$$

であることに注意せよ．$\forall x \in A\, \varphi(x)$ と $\exists x \in A\, \varphi(x)$ は互いに**双対** (dual) の関係である．

例 5.17. 述語 $\varphi(x)$ に対して，述語

$$\forall x \forall y[(\varphi(x) \wedge \varphi(y)) \to x = y]$$

は「すべての対象 a と b に対して，$\varphi(a)$ かつ $\varphi(b)$ ならば，$a = b$ である」，すなわち「$\varphi(a)$ となる a があれば 1 つだけ，そのような a がない場合もある」を表す．言い換えれば「$\varphi(a)$ となる対象 a は**高々 1 つ** (at most one) である」を表す．

問 5.18. 述語 $\varphi(x)$ に対して，「$\varphi(a)$ となる a は高々 2 つである」を表す述語を構成せよ．

例 5.19. 述語 $\varphi(x)$ に対して，述語

$$\exists x\varphi(x) \wedge \forall x\forall y[(\varphi(x) \wedge \varphi(y)) \to x = y]$$

は「ある対象 a に対して $\varphi(a)$ であり，$\varphi(a)$ となる対象 a は高々 1 つである」，すなわち「$\varphi(a)$ となる a は**一意に**，**唯 1 つ**，あるいは**ちょうど 1 つ** (unique, exactly one) 存在する」を表す．この述語を記号

$$\exists! x\varphi(x) \equiv \exists x\varphi(x) \wedge \forall x\forall y[(\varphi(x) \wedge \varphi(y)) \to x = y]$$

で表し，記号 $\exists! x \in A\,\varphi(x)$ を次のように定める．

$$\exists! x \in A\,\varphi(x) \equiv \exists! x(x \in A \wedge \varphi(x))$$

例 5.20. 集合 A と B に対して，述語

$$\forall x \in A\,(x \in B) \equiv \forall x(x \in A \to x \in B)$$

は「すべての対象 a に対して，$a \in A$ ならば $a \in B$ である」，すなわち「集合 A の要素はすべて集合 B の要素である」を表す．このとき，「集合 A は集合 B の**部分集合** (subset) である」といい，次の記号で表す．

$$A \subseteq B \equiv \forall x \in A\,(x \in B) \equiv \forall x(x \in A \to x \in B)$$

例 5.21. 集合 A と B に対して，述語

$$\forall x(x \in A \leftrightarrow x \in B)$$

は「すべての対象 a に対して，$a \in A$ であるとき，またそのときのみ $a \in B$ である」，すなわち「集合 A と集合 B は同じ要素からなる」を表す．したがって，述語

$$\forall x(x \in A \leftrightarrow x \in B) \to A = B$$

は「集合 A と集合 B が同じ要素からなるならば $A = B$ である」を表す.

例 5.22. 集合 C および対象 a と b に対して，述語

$$\forall z[z \in C \leftrightarrow (z = a \vee z = b)]$$

は「すべての対象 c に対して，$c \in C$ であるとき，またそのときのみ $c = a$ または $c = b$ である」，すなわち「集合 C は a と b のみを要素とする集合である」を表す．したがって，述語

$$\exists u \forall z[z \in u \leftrightarrow (z = a \vee z = b)]$$

は「a と b のみを要素とする集合が存在する」を表し，述語

$$\forall x \forall y \exists u \forall z[z \in u \leftrightarrow (z = x \vee z = y)]$$

は「すべての対象 a と b に対して，a と b のみを要素とする集合が存在する」を表す.

問 5.23.「a，b と c のみを要素とする集合が存在する」を表す述語を構成せよ.

例 5.24. 集合 C に対して，述語

$$\forall x(x \notin C)$$

は「すべての対象 a に対して，$a \notin C$ である」，すなわち「集合 C は要素を持たない集合である」を表す．要素を持たない集合を**空集合** (empty set) と呼ぶ．したがって，述語

$$\exists u \forall x(x \notin u)$$

は「空集合が存在する」を表す.

例 5.25. 集合 A，B および C に対して，述語

$$\forall x[x \in C \leftrightarrow (x \in A \vee x \in B)]$$

は「すべての対象 a に対して，$a \in C$ であるとき，またそのときのみ $a \in A$ ま

たは $a \in B$ である」，すなわち「集合 C は集合 A と B の**合併集合** (union) である」を表す．したがって，述語

$$\exists u \forall x [x \in u \leftrightarrow (x \in A \lor x \in B)]$$

は「集合 A と B の合併集合が存在する」を表す．

例 5.26. 集合 A と集合 B に対して $C = \{A, B\}$ と置けば，述語 $x \in A \lor x \in B$ は $\exists v(v \in C \land x \in v)$ と表せ，例 5.25 の「集合 A と B の合併集合が存在する」は

$$\exists u \forall x [x \in u \leftrightarrow \exists v(v \in C \land x \in v)]$$

と表せる．この述語は，$C = \{A, B\}$ に限らず一般の（集合の）集合 C に対して，「集合 C の要素の**和集合** (union) が存在する」を表す．

例 5.27. 集合 A と述語 $\varphi(x)$ に対して，述語

$$\forall x [x \in C \leftrightarrow (x \in A \land \varphi(x))]$$

は「すべての対象 a に対して，$a \in C$ であるとき，またそのときのみ $a \in A$ かつ $\varphi(a)$ である」，すなわち「集合 C は $\varphi(a)$ となる集合 A の要素 a からなる集合である」を表す．したがって，述語

$$\exists u \forall x [x \in u \leftrightarrow (x \in A \land \varphi(x))]$$

は「$\varphi(a)$ となる集合 A の要素 a からなる集合が存在する」を表す．

例 5.28. 集合 C に対して，述語

$$\exists x (x \notin C)$$

は「ある対象 a が存在して，$a \notin C$ である」，すなわち「集合 C に属さない対象が存在する」を表す．したがって，述語

$$\forall u \exists x (x \notin u)$$

は「すべての集合に対してそれに属さない対象が存在する」を表す．

例 5.29. 集合 A と集合 C に対して，述語

$$\forall v[v \in C \leftrightarrow v \subseteq A]$$

は「すべての対象 a に対して，$a \in C$ であるとき，またそのときのみ $a \subseteq A$ である」，すなわち「集合 C は集合 A の部分集合全体の集合である」を表す．集合 A の部分集合全体の集合を A の**べき集合** (power set) と呼ぶ．したがって，述語

$$\exists u \forall v[v \in u \leftrightarrow v \subseteq A]$$

は「集合 A のべき集合が存在する」を表す．

問 5.30.「すべての集合にべき集合が存在する」を表す述語を構成せよ．

証明の構成法

全称および存在に対しても次のように，それぞれ**導入**および**除去**の構成法がある．

量化	構成法	
全称	∀ 導入	∀ 除去
存在	∃ 導入	∃ 除去

5.2 ∀ の導入と除去

∀ 導入

仮定 $\sigma_1, \ldots, \sigma_n$ から結論 $\forall x \varphi(x)$ を導くためには，$\sigma_1, \ldots, \sigma_n$ と仮定し，任意に a をとったとき $\varphi(a)$ を導けば十分である（ただし a は任意にとらなくてはならないので $\sigma_1, \ldots, \sigma_n$ は a を含んではならない）．実際，述語 $\sigma_1, \ldots, \sigma_n$ を仮定とし述語 $\varphi(a)$ を結論とする証明

$$\sigma_1, \ldots, \sigma_n \text{ と仮定する}$$
$$\mathcal{D}$$
$$\text{よって } \varphi(a)$$

があるとき（ただし，**$\boldsymbol{\sigma_1, \ldots, \sigma_n}$ は $\boldsymbol{a}$ を含まない**），次のように $\sigma_1, \ldots, \sigma_n$ を仮定とし $\forall x\varphi(x)$ を結論とする証明を構成できる．

$$\sigma_1, \ldots, \sigma_n \text{ と仮定する}$$
$$\mathcal{D}$$
$$\text{よって } \varphi(a)$$
$$a \text{ は任意なので } \forall x\varphi(x) \qquad \text{\# } \forall \text{ 導入}$$

この証明の構成法を ∀ **導入** (∀-introduction) と呼ぶ．

注 5.31. ∀ 導入の結論「a は任意なので $\forall x\varphi(x)$」を導く際には，（取り除かれていない一時的な仮定を含む）仮定に a が含まれていないことを確認する必要がある（注 5.36 参照）．

例 5.32. 次の証明は定理 $a \in A \to a \in A$ の証明である．

$$[a \in A \text{ ならば}]^1$$
$$\text{よって } a \in A$$
$$\text{したがって } a \in A \to a \in A \qquad \text{\# } \to\text{導入}^1$$

この証明に仮定はないので，仮定は a を含まない．したがって，

$$[a \in A \text{ ならば}]^1$$
$$\text{よって } a \in A$$
$$\text{したがって } a \in A \to a \in A \qquad \text{\# } \to\text{導入}^1$$
$$a \text{ は任意なので } \forall x(x \in A \to x \in A) \qquad \text{\# } \forall \text{ 導入}$$

は，定理 $A \subseteq A$ の証明である．

問 5.33. 定理 $\forall x((x \in A \wedge x \in B) \to x \in A)$ を証明せよ．

∀除去

仮定 $\sigma_1, \ldots, \sigma_n$ から結論 $\forall x \varphi(x)$ が導けた場合，x として特に a を取り $\varphi(a)$ を導いてよいだろう．実際，述語 $\sigma_1, \ldots, \sigma_n$ を仮定とし述語 $\forall x \varphi(x)$ を結論とする証明

$\sigma_1, \ldots, \sigma_n$ と仮定する
$\mathcal{D}$
よって $\forall x \varphi(x)$

があるとき，任意の a に対して次のように $\sigma_1, \ldots, \sigma_n$ を仮定とし $\varphi(a)$ を結論とする証明を構成できる．

$\sigma_1, \ldots, \sigma_n$ と仮定する
$\mathcal{D}$
よって $\forall x \varphi(x)$
したがって $\varphi(a)$ # ∀除去

この証明の構成法を∀**除去** (∀-elimination) と呼ぶ．

例 5.34. 以下は，それぞれ $A \subseteq B$ および $B \subseteq C$ を仮定とし $a \in A \to a \in B$ および $a \in B \to a \in C$ を結論とする証明である．

$A \subseteq B$ と仮定する
よって $a \in A \to a \in B$ # ∀除去

$B \subseteq C$ と仮定する
よって $a \in B \to a \in C$ # ∀除去

$A \subseteq B$ および $B \subseteq C$ は a を含まないので，次の証明は $A \subseteq B$ および $B \subseteq C$ を仮定とし $A \subseteq C$ を結論とする証明である．

$A \subseteq B, B \subseteq C$ と仮定する
　$[a \in A$ ならば$]^1$
　　よって $a \in A \to a \in B$　# ∀除去
　　したがって $a \in B$　# →除去
　　よって $a \in B \to a \in C$　# ∀除去
　　したがって $a \in C$　# →除去
　よって $a \in A \to a \in C$　# →導入[1]
a は任意なので $\forall x(x \in A \to x \in C)$　# ∀導入

問 5.35. $A \subseteq B$ および $B \subseteq A$ を仮定とし $\forall x(x \in A \leftrightarrow x \in B)$ を結論とする証明を構成せよ．

注 5.36. ∀除去を用いる際に条件はないが，∀導入を用いる際の条件は決定的である．実際，次の∀導入の適用は（取り除かれていない）仮定 $a \neq b$ に a が含まれているので誤りであり，仮定が真であっても最終的な結論 $b \neq b$ は偽になる．

誤った証明

$a \neq b$ と仮定する
　よって $a \neq b$
a は任意なので $\forall x(x \neq b)$　# ∀導入
したがって $b \neq b$　# ∀除去

5.3　∃の導入と除去

∃導入

仮定 $\sigma_1, \ldots, \sigma_n$ から結論 $\exists x \varphi(x)$ を導くためには，$\sigma_1, \ldots, \sigma_n$ から特定の a に対して $\varphi(a)$ を導けば十分である．実際，述語 $\sigma_1, \ldots, \sigma_n$ を仮定とし述語 $\varphi(a)$ を結論とする証明

$\sigma_1, \ldots, \sigma_n$ と仮定する
$\mathcal{D}$
よって $\varphi(a)$

があるとき，次のように $\sigma_1, \ldots, \sigma_n$ を仮定とし $\exists x\varphi(x)$ を結論とする証明を構成できる．

$\sigma_1, \ldots, \sigma_n$ と仮定する
$\mathcal{D}$
よって $\varphi(a)$
したがって $\exists x\varphi(x)$ # ∃導入

この証明の構成法を ∃ **導入** (∃-introduction) と呼ぶ．

例 5.37. 次の証明は，$\varphi(a) \vee \chi(a)$ を仮定とし $\exists x\varphi(x) \vee \exists x\chi(x)$ を結論とする証明である．

$\varphi(a) \vee \chi(a)$ と仮定する
[$\varphi(a)$ のとき]^1
よって $\exists x\varphi(x)$ # ∃導入
したがって $\exists x\varphi(x) \vee \exists x\chi(x)$ # ∨導入
[$\chi(a)$ のとき]^1
よって $\exists x\chi(x)$ # ∃導入
したがって $\exists x\varphi(x) \vee \exists x\chi(x)$ # ∨導入
いずれの場合も $\exists x\varphi(x) \vee \exists x\chi(x)$ # ∨除去^1

問 5.38. $\varphi(a) \wedge \chi(b)$ を仮定とし $\exists x\varphi(x) \wedge \exists x\chi(x)$ を結論とする証明を構成せよ．

∃除去

仮定 $\sigma_1, \ldots, \sigma_n$ から結論 $\exists x\varphi(x)$ が導け，$\sigma_1, \ldots, \sigma_n$ を仮定し $\varphi(a)$ となる a をとったとき結論 χ が導ける場合，$\sigma_1, \ldots, \sigma_n$ から χ を導いてよいだろう（ただし $\varphi(a)$ となる a を自由にとるために $\sigma_1, \ldots, \sigma_n$ は a を含んではならないし，

また $\varphi(a)$ となる a のとり方によって結論が左右されないために χ は a を含んではならない）．実際，述語 $\sigma_1, \ldots, \sigma_n$ を仮定とし述語 $\exists x \varphi(x)$ を結論とする証明

$\sigma_1, \ldots, \sigma_n$ と仮定する
　$\mathcal{D}_1$
よって $\exists x \varphi(x)$

があり，述語 $\sigma_1, \ldots, \sigma_n, \varphi(a)$ を仮定とし述語 χ を結論とする証明

$\sigma_1, \ldots, \sigma_n$ と仮定する
$\varphi(a)$ と仮定する
　$\mathcal{D}_2$
よって χ

があるとき（ただし **$\boldsymbol{\sigma_1, \ldots, \sigma_n, \chi}$ は $\boldsymbol{a}$ を含まない**），次のように $\sigma_1, \ldots, \sigma_n$ を仮定とし χ を結論とする証明を構成できる．

$\sigma_1, \ldots, \sigma_n$ と仮定する
　$\mathcal{D}_1$
よって $\exists x \varphi(x)$
[$\varphi(a)$ となる a をとる]^1
　$\mathcal{D}_2$
よって χ
したがって χ　　　　# ∃除去^1

この証明の構成法を ∃ **除去** (∃-elimination) と呼ぶ．

注 5.39. 上記の証明中の「よって χ」を導くための新たな仮定「$\varphi(a)$ となる a をとる」中の $\varphi(a)$ は一時的な仮定であり，最終的な結論「したがって χ」を導く際には全体の証明の仮定から取り除かれている．以下では，一時的にこのように仮定を追加する際には「$\varphi(a)$ となる a をとる」の他に「$\varphi(a)$ となる a が存在する」などの言葉を用いる．

注 5.40. ∃除去の結論「したがって χ」を導く際には，$\varphi(a)$ 以外の（取り除か

れていない一時的な仮定を含む）仮定および χ に a が含まれていないことを確認する必要がある（注 5.43 参照）．

例 5.41. 次の証明は，$\exists x(\varphi(x) \vee \chi(x))$ を仮定としそれ自身を結論とする基底形の証明である．

$\exists x(\varphi(x) \vee \chi(x))$ と仮定する
よって $\exists x(\varphi(x) \vee \chi(x))$

また，例 5.37 の証明に仮定 $\exists x(\varphi(x) \vee \chi(x))$ を追加すれば，$\exists x(\varphi(x) \vee \chi(x))$ および $\varphi(a) \vee \chi(a)$ を仮定とし $\exists x\varphi(x) \vee \exists x\chi(x)$ を結論とする証明が構成できる．

$\exists x(\varphi(x) \vee \chi(x))$ と仮定する
$\varphi(a) \vee \chi(a)$ と仮定する
⋮
したがって $\exists x\varphi(x) \vee \exists x\chi(x)$

この証明において，$\varphi(a) \vee \chi(a)$ 以外の仮定 $\exists x(\varphi(x) \vee \chi(x))$ および結論 $\exists x\varphi(x) \vee \exists x\chi(x)$ は a を含まないので

$\exists x(\varphi(x) \vee \chi(x))$ と仮定する
　よって $\exists x(\varphi(x) \vee \chi(x))$
　$[\varphi(a) \vee \chi(a)$ となる a をとる$]^2$
　　$[\varphi(a)$ のとき$]^1$
　　　よって $\exists x\varphi(x)$ # ∃導入
　　したがって $\exists x\varphi(x) \vee \exists x\chi(x)$ # ∨導入
　　$[\chi(a)$ のとき$]^1$
　　　よって $\exists x\chi(x)$ # ∃導入
　　したがって $\exists x\varphi(x) \vee \exists x\chi(x)$ # ∨導入
　いずれの場合も $\exists x\varphi(x) \vee \exists x\chi(x)$ # ∨除去^1
ゆえに $\exists x\varphi(x) \vee \exists x\chi(x)$ # ∃除去^2

は，$\exists x(\varphi(x) \vee \chi(x))$ を仮定とし $\exists x\varphi(x) \vee \exists x\chi(x)$ を結論とする証明である．

問 5.42. $\exists x\varphi(x) \vee \exists x\chi(x)$ を仮定とし $\exists x(\varphi(x) \vee \chi(x))$ を結論とする証明を構成せよ．

注 5.43. ∃導入を用いる際に条件はないが，∃除去を用いる際の条件は決定的である．実際，次の∃除去の適用は $a \neq b$ 以外の（取り除かれていない）仮定 $a = b$ に a が含まれているので誤りである．

誤った証明

$\exists x(x \neq b)$ と仮定する
$[a = b$ ならば$]^2$
よって $\exists x(x \neq b)$
$[a \neq b$ となる a をとる$]^1$
よって $a \neq b$
よって $\bot$　　# →除去
したがって $\bot$　　# ∃除去^1
よって $a \neq b$　　# →導入^2
a は任意なので $\forall x(x \neq b)$　　# ∀導入
ゆえに $b \neq b$　　# ∀除去

また，次の∃除去は適用する際の結論 $a \neq b$ に a が含まれているので誤りである．

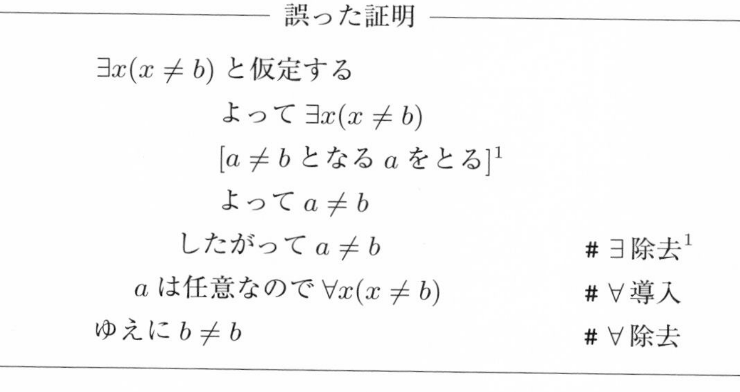
誤った証明

$\exists x(x \neq b)$ と仮定する
よって $\exists x(x \neq b)$
$[a \neq b$ となる a をとる$]^1$
よって $a \neq b$
したがって $a \neq b$　　# ∃除去^1
a は任意なので $\forall x(x \neq b)$　　# ∀導入
ゆえに $b \neq b$　　# ∀除去

いずれも仮定 $\exists x(x \neq b)$ が真であっても最終的な結論 $b \neq b$ は偽になる.

5.4 証明の例

例 5.44. 次の証明は, $C \subseteq A$ および $C \subseteq B$ を仮定とし

$$\forall x(x \in C \to (x \in A \wedge x \in B))$$

を結論とする証明である.

$C \subseteq A, C \subseteq B$ と仮定する	
$[a \in C$ ならば$]^1$	
よって $a \in C \to a \in A$	# $\forall$ 除去
したがって $a \in A$	# $\to$除去
よって $a \in C \to a \in B$	# $\forall$ 除去
したがって $a \in B$	# $\to$除去
よって $a \in A \wedge a \in B$	# $\wedge$ 導入
よって $a \in C \to (a \in A \wedge a \in B)$	# $\to$導入^1
a は任意なので $\forall x(x \in C \to (x \in A \wedge x \in B))$	# $\forall$ 導入

問 5.45. $A \subseteq C$ および $B \subseteq C$ を仮定とし $\forall x((x \in A \vee x \in B) \to x \in C)$ を結論とする証明を構成せよ.

例 5.46. 次の証明は, $\forall x\varphi(x) \wedge \forall x\chi(x)$ を仮定とし $\forall x(\varphi(x) \wedge \chi(x))$ を結論とする証明である.

$\forall x\varphi(x) \wedge \forall x\chi(x)$ と仮定する

よって $\forall x\varphi(x)$	# $\wedge$ 除去
したがって $\varphi(a)$	# $\forall$ 除去
よって $\forall x\chi(x)$	# $\wedge$ 除去
したがって $\chi(a)$	# $\forall$ 除去
よって $\varphi(a) \wedge \chi(a)$	# $\wedge$ 導入
a は任意なので $\forall x(\varphi(x) \wedge \chi(x))$	# $\forall$ 導入

問 5.47. $\forall x(\varphi(x) \wedge \chi(x))$ を仮定とし $\forall x\varphi(x) \wedge \forall x\chi(x)$ を結論とする証明を構成せよ.

例 5.48. 次の証明は, $\exists x(\varphi(x) \wedge \chi(x))$ を仮定とし $\exists x\varphi(x) \wedge \exists x\chi(x)$ を結論とする証明である.

$\exists x(\varphi(x) \wedge \chi(x))$ と仮定する

よって $\exists x(\varphi(x) \wedge \chi(x))$

[$\varphi(a) \wedge \chi(a)$ となる a が存在する]^1

よって $\varphi(a)$	# $\wedge$ 除去
したがって $\exists x\varphi(x)$	# $\exists$ 導入
よって $\chi(a)$	# $\wedge$ 除去
したがって $\exists x\chi(x)$	# $\exists$ 導入
よって $\exists x\varphi(x) \wedge \exists x\chi(x)$	# $\wedge$ 導入
ゆえに $\exists x\varphi(x) \wedge \exists x\chi(x)$	# $\exists$ 除去^1

注 5.49. $\exists x\varphi(x) \wedge \exists x\chi(x)$ を仮定とし $\exists x(\varphi(x) \wedge \chi(x))$ を結論とする証明は一般には構成できない.

例 5.50. 次の証明は, $\neg\exists x\varphi(x)$ を仮定とし $\forall x\neg\varphi(x)$ を結論とする証明である.

$\neg\exists x\varphi(x)$ と仮定する

　[$\varphi(a)$ ならば]^1

　　よって $\exists x\varphi(x)$ # ∃導入

　したがって $\perp$ # →除去

ゆえに $\neg\varphi(a)$ # →導入^1

a は任意なので $\forall x\neg\varphi(x)$ # ∀導入

問 5.51. $\forall x\neg\varphi(x)$ を仮定とし $\neg\exists x\varphi(x)$ を結論とする証明を構成せよ．

例 5.52. 次の証明は，$\neg\forall x\varphi(x)$ を仮定とし $\exists x\neg\varphi(x)$ を結論とする証明である（RAA を用いる）．

$\neg\forall x\varphi(x)$ と仮定する

　[$\neg\exists x\neg\varphi(x)$ とする]^2

　　[$\neg\varphi(a)$ とする]^1

　　　よって $\exists x\neg\varphi(x)$ # ∃導入

　　よって $\perp$ # →除去

　　したがって $\varphi(a)$ # RAA^1

　a は任意なので $\forall x\varphi(x)$ # ∀導入

　したがって $\perp$ # →除去

ゆえに $\exists x\neg\varphi(x)$ # RAA^2

問 5.53. $\exists x\neg\varphi(x)$ を仮定とし $\neg\forall x\varphi(x)$ を結論とする証明を構成せよ．

例 5.54. 次の証明は，$\exists y\forall x\varphi(x,y)$ を仮定とし $\forall x\exists y\varphi(x,y)$ を結論とする証明である．

$\exists y \forall x \varphi(x,y)$ と仮定する
[$\forall x \varphi(x,b)$ となる b が存在する][1]
よって $\varphi(a,b)$ # $\forall$ 除去
したがって $\exists y \varphi(a,y)$ # $\exists$ 導入
ゆえに $\exists y \varphi(a,y)$ # $\exists$ 除去[1]
a は任意なので $\forall x \exists y \varphi(x,y)$ # $\forall$ 導入

注 5.55. $\forall x \exists y \varphi(x,y)$ を仮定とし $\exists y \forall x \varphi(x,y)$ を結論とする証明は一般には構成できない．

例 5.56. 次の証明は，$\forall x(\varphi(x) \vee \chi)$ を仮定とし $\forall x \varphi(x) \vee \chi$ を結論とする証明である（RAA を用いる）．ただし，述語 χ は変数 x を含まない．

$\forall x(\varphi(x) \vee \chi)$ と仮定する
[$\neg(\forall x \varphi(x) \vee \chi)$ とする][2]
よって $\varphi(a) \vee \chi$ # $\forall$ 除去
[$\varphi(a)$ のとき][1]
よって $\varphi(a)$
[χ のとき][1]
よって $\forall x \varphi(x) \vee \chi$ # $\vee$ 導入
したがって $\perp$ # $\rightarrow$除去
よって $\varphi(a)$ # EFQ
いずれの場合も $\varphi(a)$ # $\vee$ 除去[1]
a は任意なので $\forall x \varphi(x)$ # $\forall$ 導入
よって $\forall x \varphi(x) \vee \chi$ # $\vee$ 導入
したがって $\perp$ # $\rightarrow$除去
ゆえに $\forall x \varphi(x) \vee \chi$ # RAA[2]

ここで，$\forall x(\varphi(x) \vee \chi)$ および $\neg(\forall x \varphi(x) \vee \chi)$ は a を含まないとする．

問 5.57. $\forall x \varphi(x) \vee \chi$ を仮定とし $\forall x(\varphi(x) \vee \chi)$ を結論とする証明を構成せよ．ただし，述語 χ は変数 x を含まない．

第II部

証明の実践

第6章
集合とその構成(1)

一般に数学理論は，第I部で述べた証明が定める**論理** (logic) と理論が扱う対象の存在や性質を規定する**公理** (axiom) からなる．公理は暗黙の仮定であり，証明における仮定とはみなされない．本章と次章では，集合を対象とした数学理論——**集合論** (set theory)——において，その公理に触れながら証明を実践する．第II部では日本語での証明を与えるため，第I部で用いた改行・字下げを行わない．

6.1 等号と部分集合

等号

等号 $(=)$ を含む一般の数学理論では，以下の2つの**等号の公理** (equality axiom) を仮定する．

反射公理　$\forall x(x = x)$,

代入公理　$\forall x \forall y[(\varphi(x) \wedge x = y) \to \varphi(y)]$　($\varphi(x)$ は任意の述語)．

このとき，等号に関して次の命題が成り立つ．

命題 6.1. 対象 a，b および c に対して

1. $a = a$,
2. $a = b$ ならば $b = a$,
3. $a = b$ かつ $b = c$ ならば，$a = c$.

証明　(1): 反射公理より $a = a$ [$\forall$ 除去]．

(2): 代入公理において $\varphi(x) \equiv x = a$ と置けば

$$\forall x \forall y[(x = a \wedge x = y) \to y = a].$$

よって $\forall y[(a=a \wedge a=y) \to y=a]$ [$\forall$ 除去]．よって $(a=a \wedge a=b) \to b=a$ [$\forall$ 除去]．$a=b$ ならば，(1) より $a=a$ なので，$a=a \wedge a=b$ [$\wedge$ 導入]．したがって $b=a$ [$\to$ 除去]．

(3): 代入公理において $\varphi(x) \equiv a=x$ と置けば

$$\forall x \forall y[(a=x \wedge x=y) \to a=y].$$

よって $(a=b \wedge b=c) \to a=c$ [$\forall$ 除去 2 回]．$a=b$ かつ $b=c$ ならば，$a=b \wedge b=c$ [$\wedge$ 導入]．したがって $a=c$ [$\to$ 除去]．□

注 6.2. 述語 $\varphi(x)$ に対して，代入公理より

$$\forall x \forall y[(\varphi(x) \wedge x=y) \to \varphi(y)].$$

よって，対象 a と b に対して $(\varphi(a) \wedge a=b) \to \varphi(b)$ [$\forall$ 除去 2 回]．$\varphi(a)$ および $a=b$ ならば，$\varphi(a) \wedge a=b$ [$\wedge$ 導入]．したがって $\varphi(b)$ [$\to$ 除去]．このことから，以下では次のように代入公理を用いる．

- $\varphi(a)$ および $a=b$ ならば，$\varphi(b)$
- よって $\varphi(a)$ および $a=b$．したがって $\varphi(b)$

補題 6.3. 集合 A および B に対して，$A=B$ ならば $\forall z(z \in A \leftrightarrow z \in B)$ である．

証明　A を集合とし述語 $\varphi(x)$ を $\varphi(x) \equiv \forall z(z \in A \leftrightarrow z \in x)$ と置く．$a \in A$ ならば $a \in A$．よって $a \in A \to a \in A$ [$\to$ 導入]．したがって $a \in A \leftrightarrow a \in A$ [$\wedge$ 導入]．a は任意なので $\forall z(z \in A \leftrightarrow z \in A)$ [$\forall$ 導入]．すなわち $\varphi(A)$．よって $A=B$ ならば，$\varphi(A)$ および $A=B$．したがって $\varphi(B)$ [注 6.2]．すなわち $\forall z(z \in A \leftrightarrow z \in B)$．□

集合 A と集合 B は同じ要素からなるとき等しい $(A=B)$．このことは次の**外延性公理** (axiom of extensionality) により保証される．

$$\forall u \forall v[\forall x(x \in u \leftrightarrow x \in v) \to u=v]$$

補題 6.4. 集合 A および B に対して，$\forall x(x \in A \leftrightarrow x \in B)$ ならば $A = B$ である．

証明 外延性公理より $\forall x(x \in A \leftrightarrow x \in B) \to A = B$ [$\forall$ 除去 2 回]．したがって，$\forall x(x \in A \leftrightarrow x \in B)$ ならば $A = B$ [$\to$ 除去]． □

命題 6.5. 集合 A および B に対して，$\forall x(x \in A \leftrightarrow x \in B)$ であるとき，またそのときのみ $A = B$ である．

証明 補題 6.3 と補題 6.4 よりただちに導ける [注 3.6]． □

部分集合

集合 A および B に対して，A の要素がすべて B の要素であるとき，A は B の**部分集合** (subset) であるといい，記号 $A \subseteq B$ で表す．すなわち

$$A \subseteq B \equiv \forall x \in A\,(x \in B) \equiv \forall x(x \in A \to x \in B).$$

ベン図で表すと次のようになる．

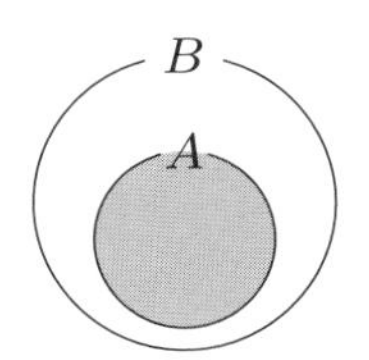

このとき，B は A を**含む** (contain) あるいは A は B に含まれるという．また，その否定 $\neg(A \subseteq B)$ を記号 $A \nsubseteq B$ で表す．すなわち

$$A \nsubseteq B \equiv \neg(A \subseteq B).$$

例 6.6. $\{1,3\} \subseteq \{1,2,3,6\}$ および $\{1,3\} \nsubseteq \{1,2,4\}$ である．

例 6.7. $\{r \in \mathbb{Q} \mid r \leq 1\} \subseteq \{r \in \mathbb{Q} \mid r < \sqrt{2}\}$ であり，$\{r \in \mathbb{Q} \mid r < \sqrt{2}\} \nsubseteq \{r \in \mathbb{Q} \mid r \leq 1\}$ である．

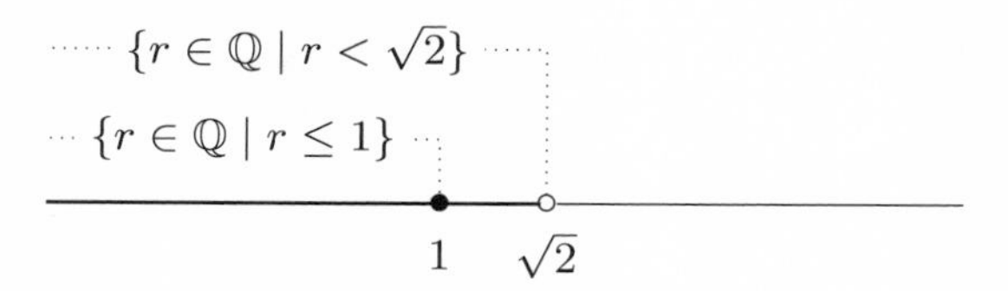

注 6.8. $\{r \in \mathbb{Q} \mid r \leq 1\}$ は高校数学の教科書では $\{r \mid r \leq 1,\ r \text{は有理数}\}$ と表すことが多い．$\{r \in \mathbb{Q} \mid r \leq 1\}$ が集合であることは，注 6.52 および補題 7.1 よりわかる．また，数直線上の各点は 1 つの実数に対応しているが，本書ではそのうち有理数に対応する点のみに着目する．

問 6.9. $\{1,3\} \subseteq \{3,1\}$ および $\{3,1\} \subseteq \{1,3\}$，$\{1\} \subseteq \{1,1\}$ および $\{1,1\} \subseteq \{1\}$ を確かめよ．

部分集合に関しては以下の命題が成り立つ．

命題 6.10. 集合 A，B および C に対して

1. $A \subseteq A$,
2. $A \subseteq B$ かつ $B \subseteq A$ ならば，$A = B$,
3. $A \subseteq B$ かつ $B \subseteq C$ ならば，$A \subseteq C$.

証明　(1): $a \in A$ ならば $a \in A$．よって $a \in A \to a \in A$ [$\to$ 導入]．a は任意なので $\forall x(x \in A \to x \in A)$ [$\forall$ 導入]．すなわち $A \subseteq A$.

(2): $A \subseteq B$ かつ $B \subseteq A$ と仮定する．すなわち，$\forall x(x \in A \to x \in B)$ および $\forall x(x \in B \to x \in A)$．よって，$a \in A \to a \in B$ [$\forall$ 除去] および $a \in B \to a \in A$ [$\forall$ 除去]．したがって $a \in A \leftrightarrow a \in B$ [$\wedge$ 導入]．a は任意なので $\forall x(x \in A \leftrightarrow x \in B)$ [$\forall$ 導入]．ゆえに，補題 6.4 より $A = B$.

(3): $A \subseteq B$ かつ $B \subseteq C$ と仮定する．すなわち，$\forall x(x \in A \to x \in B)$ および $\forall x(x \in B \to x \in C)$．$a \in A$ ならば，$a \in A \to a \in B$ [$\forall$ 除去] より $a \in B$ [$\to$ 除去]．よって $a \in B \to a \in C$ [$\forall$ 除去] より $a \in C$ [$\to$ 除去]．したがって $a \in A \to a \in C$ [$\to$ 導入]．a は任意なので $\forall x(x \in A \to x \in C)$ [$\forall$ 導入]．すなわち $A \subseteq C$. □

例 6.11. $\{1,3\} = \{3,1\}$ および $\{1\} = \{1,1\}$ である．

問 6.12. $\{\{1\},\{1,1\}\} = \{\{1\}\}$ および $\{\{1\},\{1,3\}\} \neq \{\{3\},\{1,3\}\}$ を確かめよ．

注 6.13. 集合 A および B に対して，部分集合の定義は

$$A \subseteq B \equiv \forall x(x \in A \to x \in B).$$

したがって，$a \in A$ および $A \subseteq B$ ならば $a \in A \to a \in B$ [$\forall$ 除去]．よって $a \in B$ [$\to$ 除去]．また逆に，任意の $a \in A$ に対して $a \in B$，すなわち任意の a に対して $a \in A$ ならば $a \in B$ が導ければ，$a \in A \to a \in B$ [$\to$ 導入]．a は任意なので $\forall x(x \in A \to x \in B)$ [$\forall$ 導入]．すなわち $A \subseteq B$．このことより，以下では次のように部分集合を用いる．

- $a \in A$ および $A \subseteq B$ ならば，$a \in B$
- 任意の $a \in A$ に対して，……よって $a \in B$．したがって $A \subseteq B$

集合 A および B に対して，$A \subseteq B$ であるが $A \neq B$ であるとき A は B の**真部分集合** (proper subset) であるといい，記号 $A \subset B$ または $A \subsetneq B$ で表す．すなわち

$$A \subset B \equiv A \subsetneq B \equiv (A \subseteq B) \wedge A \neq B$$

例 6.14. $\{1,3\} \subsetneq \{1,2,3,6\}$ であり，$\{r \in \mathbb{Q} \mid r \leq 1\} \subsetneq \{r \in \mathbb{Q} \mid r < \sqrt{2}\}$ である．

クラス記法

集合論を展開する際に，集合の概念を**仮想的に**広げたクラス記法を用いると便利である．

記法 6.15. 述語 $\varphi(x)$ に対して，$\varphi(a)$ となる対象 a の集まりを記号

$$\{x \mid \varphi(x)\}$$

で表し，集合と区別するために**クラス** (class) と呼ぶ．このとき，対象 a とクラス $\{x \mid \varphi(x)\}$ に対して，記号 $a \in \{x \mid \varphi(x)\}$ を次のように定義する．

$$a \in \{x \mid \varphi(x)\} \equiv \varphi(a).$$

また，集合 C とクラス $\{x \mid \varphi(x)\}$ に対して，記号 $C = \{x \mid \varphi(x)\}$ を次のように定義する．

$$C = \{x \mid \varphi(x)\} \equiv \forall z(z \in C \leftrightarrow z \in \{x \mid \varphi(x)\}) \equiv \forall z(z \in C \leftrightarrow \varphi(z)).$$

注 6.16. クラス記法はあくまで記法であり，クラスはいつも集合であるとは限らないため，集合論における**対象ではない**（集合でないクラスの例は注 7.21 参照）．したがって，「すべてのクラスに対して，……」や「あるクラスが存在して，……」のような述語は構成できない．

注 6.17. 記法 6.15 では，対象 a と集合 A の関係 $a \in A$ および集合 A と B の関係 $A = B$ の記法を，対象 a とクラス $\{x \mid \varphi(x)\}$ の関係および集合 C とクラス $\{x \mid \varphi(x)\}$ の関係に流用しているが，前者と後者は明確に区別する必要がある．

例 6.18. $\{x \mid \bot\}$ は対象をまったく含まないクラスであり，$\{x \mid \top\}$ はすべての対象からなるクラスである．

クラス $\{x \mid \varphi(x)\}$ が集合であるのは

$$C = \{x \mid \varphi(x)\} \equiv \forall z(z \in C \leftrightarrow z \in \{x \mid \varphi(x)\}) \equiv \forall z(z \in C \leftrightarrow \varphi(z))$$

となる集合 C が存在するとき，すなわち

$$\exists u(u = \{x \mid \varphi(x)\}) \equiv \exists u \forall z(z \in u \leftrightarrow z \in \{x \mid \varphi(x)\}) \equiv \exists u \forall z(z \in u \leftrightarrow \varphi(z))$$

であるときである．

次に示すように，外延性公理によりクラスが**集合であれば**それは唯 1 つである．

補題 6.19. クラス $\{x \mid \varphi(x)\}$ に対して，$C = \{x \mid \varphi(x)\}$ となる集合 C は高々 1 つである．

証明　$\psi(u) \equiv (u = \{x \mid \varphi(x)\}) \equiv \forall z(z \in u \leftrightarrow \varphi(z))$ と置き，$\psi(A)$ かつ $\psi(B)$

と仮定する．すなわち，$\forall z(z \in A \leftrightarrow \varphi(z))$ および $\forall z(z \in B \leftrightarrow \varphi(z))$．よって，$a \in A \leftrightarrow \varphi(a)$ ［$\forall$ 除去］および $a \in B \leftrightarrow \varphi(a)$ ［$\forall$ 除去］．したがって $a \in A \leftrightarrow a \in B$ ［問 3.9］．a は任意なので

$$\forall x(x \in A \leftrightarrow x \in B) \quad [\forall \text{ 導入}].$$

ゆえに，補題 6.4 より $A = B$．よって $\psi(A) \wedge \psi(B) \to A = B$ ［例 3.10］．A および B は任意なので $\forall u \forall v(\psi(u) \wedge \psi(v) \to u = v)$ ［$\forall$ 導入 2 回］． □

注 6.20. 集合 C とクラス $\{x \mid \varphi(x)\}$ に対して，$C = \{x \mid \varphi(x)\}$ とする．すなわち

$$\forall z(z \in C \leftrightarrow z \in \{x \mid \varphi(x)\}).$$

対象 a に対して，$a \in C \leftrightarrow a \in \{x \mid \varphi(x)\}$ ［$\forall$ 除去］．すなわち $a \in C \leftrightarrow \varphi(a)$．よって，$a \in C \to \varphi(a)$ ［$\wedge$ 除去］および $\varphi(a) \to a \in C$ ［$\wedge$ 除去］．したがって，$a \in C$ ならば $\varphi(a)$ ［$\to$ 除去］，および $\varphi(a)$ ならば $a \in C$ ［$\to$ 除去］．このことより，以下では次のように集合 C を用いる．

- $a \in C$ ならば，$\varphi(a)$
- よって $\varphi(a)$．したがって $a \in C$

6.2 対と空集合

非順序対

今まで記号 $\{1, 3\}$ を用いて，1 と 3 のみを要素とする集合を表してきた．一般に対象 a と b に対して，クラス

$$\{x \mid x = a \vee x = b\}$$

が集合であることは，次の**対の公理** (axiom of pairing) により保証される．

$$\forall x \forall y \exists u \forall z[z \in u \leftrightarrow (z = x \vee z = y)].$$

補題 6.21. 対象 a と b に対して，クラス $\{x \mid x = a \vee x = b\}$ は集合である．

証明 対象 a と b に対して，対の公理により $\exists u \forall z[z \in u \leftrightarrow (z = a \vee z = b)]$ [$\forall$ 除去 2 回]． □

補題 6.21 および補題 6.19 より，

$$\forall z[z \in C \leftrightarrow z \in \{x \mid x = a \vee x = b\}]$$

となる集合 C が唯 1 つ存在する．その集合 C を記号 $\{a, b\}$ で表し，a と b の**非順序対** (unordered pair) と呼ぶ．すなわち

$$\{a, b\} = \{x \mid x = a \vee x = b\}.$$

また，$b = a$ のとき $\{a, b\} = \{a, a\}$ を $\{a\}$ と表し，a の **1 点集合** (singleton) と呼ぶ．

例 6.22. 集合 $\{1\}$ と $\{1, 3\}$ の非順序対は $\{\{1\}, \{1, 3\}\}$ であり，集合 $\{3\}$ と $\{1, 3\}$ の非順序対は $\{\{3\}, \{1, 3\}\}$ である．

問 6.23. 集合 $\{2\}$ と $\{\{1\}, \{1, 3\}\}$ の非順序対を求めよ．

注 6.24. 非順序対 $\{a, b\}$ の定義と注 6.20 より，$c \in \{a, b\}$ ならば $c = a \vee c = b$，および $c = a \vee c = b$ ならば $c \in \{a, b\}$．また，$c = a$（あるいは $c = b$）ならば $c = a \vee c = b$ [$\vee$ 導入] であり，命題 6.1 (1) より $a = a$（あるいは $b = b$）なので，以下では次のように非順序対を用いる．

- $c \in \{a, b\}$ ならば，$c = a$ または $c = b$
- $c = a$（あるいは $c = b$）ならば，$c \in \{a, b\}$
- $a \in \{a, b\}$（あるいは $b \in \{a, b\}$）

1 点集合 $\{a\}$ に対しては，$c = a \vee c = a$ ならば，いずれの場合も $c = a$ [$\vee$ 除去] なので，以下では次のように 1 点集合を用いる．

- $c \in \{a\}$ ならば，$c = a$
- $c = a$ ならば，$c \in \{a\}$

- $a \in \{a\}$

また A を集合とする．$a \in A$ ならば，任意の $c \in \{a\}$ に対して $c = a$ より $c \in A$ [注 6.2]．よって $\{a\} \subseteq A$ [注 6.13]．したがって

- $a \in A$ ならば，$\{a\} \subseteq A$

順序対

対象 a と b に対して，非順序対の構成を繰り返して得られる集合 $\{\{a\}, \{a, b\}\}$ を記号 $\langle a, b\rangle$ で表し，a と b の**順序対** (ordered pair) と呼ぶ．すなわち

$$\langle a, b\rangle \equiv \{\{a\}, \{a, b\}\}$$

例 6.25. $\langle 1, 3\rangle = \{\{1\}, \{1, 3\}\}$ および $\langle 3, 1\rangle = \{\{3\}, \{1, 3\}\}$ であり，$\langle 1, 3\rangle \neq \langle 3, 1\rangle$ である．

補題 6.26. 対象 a，b，c および d に対して，$\langle a, b\rangle = \langle c, d\rangle$ ならば $a = c$ である．

証明　$\langle a, b\rangle = \langle c, d\rangle$ と仮定する．$\{a\} \in \langle a, b\rangle$ より $\{a\} \in \langle c, d\rangle$ [注 6.2]．したがって，$\{a\} = \{c\}$ または $\{a\} = \{c, d\}$ [注 6.24]．$\{a\} = \{c\}$ のとき，$c \in \{c\}$ [注 6.24] より $c \in \{a\}$ [注 6.2]．よって $c = a$ [注 6.24]．$\{a\} = \{c, d\}$ のとき，$c \in \{c, d\}$ [注 6.24] より $c \in \{a\}$ [注 6.2]．よって $c = a$ [注 6.24]．いずれの場合も $c = a$ [$\vee$ 除去]．　□

補題 6.27. 対象 a，b，c および d に対して，$\langle a, b\rangle = \langle c, d\rangle$ かつ $a = c$ ならば，$b = d$ である．

証明　$\langle a, b\rangle = \langle c, d\rangle$ かつ $a = c$ と仮定する．$\{a, b\} \in \langle a, b\rangle$ [注 6.24] より $\{a, b\} \in \langle c, d\rangle$ [注 6.2]．したがって

$$\{a, b\} = \{c\} \quad \text{または} \quad \{a, b\} = \{c, d\} \quad [注 6.24].$$

$\{a, b\} = \{c\}$ のとき，$b \in \{a, b\}$ [注 6.24] より $b \in \{c\}$ [注 6.2]．よって $b = c$ [注 6.24]．したがって，$b = c$ または $b = d$ [$\vee$ 導入]．

$\{a,b\}=\{c,d\}$ のとき，$b\in\{a,b\}$［注 6.24］より $b\in\{c,d\}$［注 6.2］．したがって，$b=c$ または $b=d$［注 6.24］．いずれの場合も

$$b=c \quad \text{または} \quad b=d \quad [\vee \text{除去}].$$

$b=c$ のとき，$\{c,d\}\in\langle c,d\rangle$［注 6.24］より $\{c,d\}\in\langle a,b\rangle$［注 6.2］．したがって

$$\{c,d\}=\{a\} \quad \text{または} \quad \{c,d\}=\{a,b\} \quad [\text{注 } 6.24].$$

$\{c,d\}=\{a\}$ のとき，$d\in\{c,d\}$［注 6.24］より $d\in\{a\}$［注 6.2］．よって $d=a$［注 6.24］．したがって，$a=c$ より $d=c$ なので，$b=c$ より $b=d$.
$\{c,d\}=\{a,b\}$ のとき，$d\in\{c,d\}$［注 6.24］より $d\in\{a,b\}$［注 6.2］．よって

$$d=a \quad \text{または} \quad d=b \quad [\text{注 } 6.24].$$

$d=a$ のとき，$a=c$ より $d=c$ なので，$b=c$ より $b=d$.
$d=b$ のとき，$b=d$. いずれの場合も $b=d$［$\vee$ 除去］.
$\{c,d\}=\{a\}$，$\{c,d\}=\{a,b\}$ いずれの場合も $b=d$［$\vee$ 除去］.
$b=d$ のとき，$b=d$. $b=c$，$b=d$ いずれの場合も $b=d$［$\vee$ 除去］. □

命題 6.28. 対象 a，b，c および d に対して，$\langle a,b\rangle=\langle c,d\rangle$ ならば $a=c$ かつ $b=d$ である．

証明　$\langle a,b\rangle=\langle c,d\rangle$ と仮定する．補題 6.26 より $a=c$. したがって，補題 6.27 より $b=d$. □

記法 6.29. 一般に n 個 $(n\geq 2)$ の対象 $a_1,a_2,\ldots,a_n$ に対して，その順序対を表す記号

$$\langle a_1,\ldots,a_n\rangle$$

を次のように帰納的に定義する．

- $n=2$ のとき，$\langle a_1,\ldots,a_n\rangle=\langle a_1,a_2\rangle$.
- $n=k+1$ $(k\geq 2)$ のとき，$\langle a_1,\ldots,a_n\rangle=\langle\langle a_1,\ldots,a_k\rangle,a_{k+1}\rangle$.

問 6.30. 順序対 $\langle 1,2,3\rangle$ を集合で表せ．

空集合

対象をまったく含まないクラス

$$\{x \mid \bot\}$$

が集合であることは，次の**空集合の公理** (axiom of empty set) により保証される．

$$\exists u \forall z(z \notin u) \equiv \exists u \forall z(z \in u \to \bot).$$

補題 6.31. クラス $\{x \mid \bot\}$ は集合である．

証明　空集合の公理で $\forall z(z \in C \to \bot)$ となる C をとる．よって $a \in C \to \bot$ [$\forall$ 除去]．EFQ より $\bot \to a \in C$ [注 3.6]．したがって $a \in C \leftrightarrow \bot$ [$\wedge$ 導入]．a は任意なので $\forall z(z \in C \leftrightarrow \bot)$ [$\forall$ 導入]．したがって $\exists u \forall z(z \in u \leftrightarrow \bot)$ [$\exists$ 導入]．ゆえに $\exists u \forall z(z \in u \leftrightarrow \bot)$ [$\exists$ 除去]． □

補題 6.31 および補題 6.19 より，

$$\forall z[z \in C \leftrightarrow z \in \{x \mid \bot\}]$$

となる集合 C が唯 1 つ存在する．その集合 C を記号 $\emptyset$ で表し，**空集合** (empty set) と呼ぶ．すなわち

$$\emptyset = \{x \mid \bot\}.$$

命題 6.32. 任意の集合 A に対して，$\emptyset \subseteq A$ である．

証明　任意の $a \in \emptyset$ に対して，$\bot$ [注 6.20]．よって $a \in A$ [EFQ]．したがって $\emptyset \subseteq A$ [注 6.13]． □

注 6.33. 任意の集合 A に対して，$A \subseteq \emptyset$ ならば $A = \emptyset$ である．実際，命題 6.32 より $\emptyset \subseteq A$．$A \subseteq \emptyset$ ならば，命題 6.10 (2) より $A = \emptyset$．

系 6.34. 任意の集合 A に対して，$\forall x(x \notin A)$ ならば $A = \emptyset$ である．

証明　$\forall x(x \notin A)$ と仮定する．任意の $a \in A$ に対して $a \notin A$ [$\forall$ 除去]．よって $\perp$ [$\rightarrow$ 除去]．したがって $a \in \emptyset$ [注 6.20]．よって $A \subseteq \emptyset$ [注 6.13]．ゆえに，注 6.33 より $A = \emptyset$. □

命題 6.35. 任意の述語 $\varphi(x)$ に対して，$\forall x \in \emptyset\, \varphi(x)$ および $\neg\exists x \in \emptyset\, \varphi(x)$ である．

証明　$a \in \emptyset$ ならば $\perp$ [注 6.20]．よって $\varphi(a)$ [EFQ]．したがって $a \in \emptyset \rightarrow \varphi(a)$ [$\rightarrow$ 導入]．また，a は任意なので $\forall x(x \in \emptyset \rightarrow \varphi(x))$ [$\forall$ 導入]，すなわち $\forall x \in \emptyset\, \varphi(x)$.

また，$\exists x \in \emptyset\, \varphi(x)$ と仮定する．すなわち $\exists x(x \in \emptyset \wedge \varphi(x))$．$a \in \emptyset \wedge \varphi(a)$ となる a が存在する．よって $a \in \emptyset$ [$\wedge$ 除去]．よって $\perp$ [注 6.20]．したがって $\perp$ [$\exists$ 除去]．ゆえに $\neg\exists x \in \emptyset\, \varphi(x)$ [$\rightarrow$ 導入]. □

集合 A に対して $\exists x(x \in A)$ であるとき，A は**要素を持つ** (inhabited) という．

補題 6.36. 集合 A に対して，A が要素を持つならば $A \neq \emptyset$．逆に RAA を用いれば，$A \neq \emptyset$ ならば A は要素を持つ．

証明　集合 A が要素を持つ，すなわち $\exists x(x \in A)$ と仮定する．$A = \emptyset$ ならば，$a \in A$ となる a をとれば $a \in \emptyset$ [注 6.2]．よって $\perp$ [注 6.20]．したがって $\perp$ [$\exists$ 除去]．よって $\neg(A = \emptyset)$ [$\rightarrow$ 導入]，すなわち $A \neq \emptyset$.

逆に $A \neq \emptyset$ と仮定する．$\neg\exists x(x \in A)$ とする．$a \in A$ に対して，$\exists x(x \in A)$ [$\exists$ 導入]．よって $\perp$ [$\rightarrow$ 除去]．したがって $a \notin A$ [$\rightarrow$ 導入]．a は任意なので $\forall x(x \notin A)$ [$\forall$ 導入]．よって，系 6.34 より $A = \emptyset$．したがって $\perp$ [$\rightarrow$ 除去]．ゆえに $\exists x(x \in A)$ [RAA]. □

6.3　合併集合

集合 A と B の合併はクラス

$$\{x \mid x \in A \vee x \in B\}$$

により定義される．このクラスが集合であることは，（集合の）集合の和集合の存在を仮定する，次の**和集合の公理** (axiom of union) により保証される．

$$\forall u \exists v \forall z[z \in v \leftrightarrow \exists w \in u\,(z \in w)]$$

補題 6.37. 集合 C に対して，クラス $\{x \mid \exists w \in C\,(x \in w)\}$ は集合である．

証明 和集合の公理より $\exists v \forall z[z \in v \leftrightarrow \exists w \in C\,(z \in w)]$ [$\forall$ 除去]． □

集合 C に対して，補題 6.37 および補題 6.19 より

$$\forall z[z \in D \leftrightarrow z \in \{x \mid \exists w \in C\,(x \in w)\}]$$

となる集合 D が唯 1 つ存在する．その集合 D を記号 $\bigcup C$ で表し，C の**和集合** (union) と呼ぶ．すなわち

$$\bigcup C = \{x \mid \exists w \in C\,(x \in w)\}.$$

注 6.38. $\bigcup \emptyset = \emptyset$ である．実際，$a \in \bigcup \emptyset$ に対して，$\exists w \in \emptyset\,(a \in w)$ [注 6.20]．命題 6.35 より $\neg \exists w \in \emptyset\,(a \in w)$．よって $\perp$ [$\rightarrow$ 除去]．したがって $a \notin \bigcup \emptyset$ [$\rightarrow$ 導入]．a は任意なので $\forall x(x \notin \bigcup \emptyset)$ [$\forall$ 導入]．ゆえに，系 6.34 より $\bigcup \emptyset = \emptyset$.

補題 6.39. 集合 A と B に対して，クラス $\{x \mid x \in A \vee x \in B\}$ は集合である．

証明 $D = \bigcup\{A, B\}$ と置く．$a \in D$ ならば $\exists w \in \{A, B\}\,(a \in w)$ [注 6.20]．すなわち $\exists w(w \in \{A, B\} \wedge a \in w)$．$C \in \{A, B\} \wedge a \in C$ となる C をとる．$C \in \{A, B\}$ より $C = A$ または $C = B$ [注 6.24]．$C = A$ のとき，$a \in C$ なので $a \in A$ [注 6.2]．よって $a \in A \vee a \in B$ [$\vee$ 導入]．$C = B$ のとき，同様にして $a \in A \vee a \in B$．いずれの場合も $a \in A \vee a \in B$ [$\vee$ 除去]．したがって $a \in A \vee a \in B$ [$\exists$ 除去]．ゆえに $a \in D \rightarrow (a \in A \vee a \in B)$ [$\rightarrow$ 導入]．

逆に $a \in A \vee a \in B$ と仮定する．$a \in A$ のとき，$A \in \{A, B\}$ [注 6.24] より $A \in \{A, B\} \wedge a \in A$ [$\wedge$ 導入]．よって $\exists w \in \{A, B\}\,(a \in w)$ [$\exists$ 導入]．したがって $a \in D$ [注 6.20]．$a \in B$ のとき，同様にして $a \in D$．いずれの場合も

$a \in D$ [$\vee$ 除去]．ゆえに $(a \in A \vee a \in B) \to a \in D$ [$\to$ 導入]．

したがって $a \in D \leftrightarrow (a \in A \vee a \in B)$ [$\wedge$ 導入]．a は任意なので

$$\forall x[x \in D \leftrightarrow (x \in A \vee x \in B)] \quad [\forall \text{ 導入}].$$

ゆえに $\exists v \forall x[x \in v \leftrightarrow (x \in A \vee x \in B)]$ [$\exists$ 導入]． □

集合 A と B に対して，補題 6.39 および補題 6.19 より

$$\forall z[z \in D \leftrightarrow z \in \{x \mid x \in A \vee x \in B\}]$$

となる集合 D が唯1つ存在する．その集合 D を記号 $A \cup B$ で表し，集合 A と B の**合併集合** (union) と呼ぶ．すなわち

$$A \cup B = \{x \mid x \in A \vee x \in B\}.$$

ベン図で表すと次のようになる．

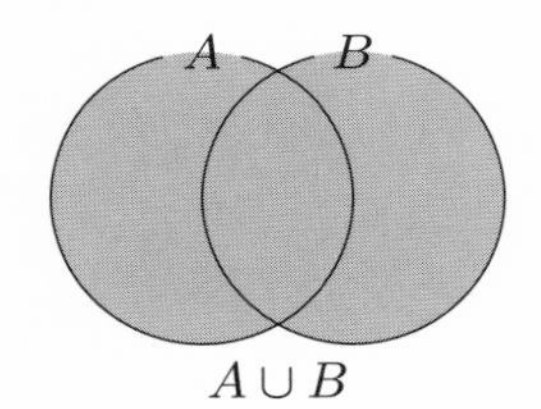

例 6.40. $\{1,3\} \cup \{2\} = \{1,2,3\}$ であり，$\{1,3\} \cup \{1,2,4\} = \{1,2,3,4\}$ である．

例 6.41. $\{r \in \mathbb{Q} \mid 1 \leq r\} \cup \{r \in \mathbb{Q} \mid r < \sqrt{2}\} = \mathbb{Q}$ である．

問 6.42. $\{1,3\} \cup \{1,3\}$ および $\{1,3\} \cup \{1,2,3,4\}$ を求めよ．

補題 6.43. 集合 A，B および C に対して

1. $A \subseteq A \cup B$,
2. $B \subseteq A \cup B$,
3. $A \subseteq C$ かつ $B \subseteq C$ ならば，$A \cup B \subseteq C$.

証明　(1): 任意の $a \in A$ に対して，$a \in A \vee a \in B$ [$\vee$ 導入]．よって $a \in A \cup B$

［注 6.20］．したがって $A \subseteq A \cup B$ ［注 6.13］．

(2): (1) と同様．

(3): $A \subseteq C$ かつ $B \subseteq C$ と仮定する．任意の $a \in A \cup B$ に対して，$a \in A \vee a \in B$ ［注 6.20］．$a \in A$ のとき，$a \in A \to a \in C$ ［$\forall$ 除去］より $a \in C$ ［$\to$ 除去］，$a \in B$ のとき，$a \in B \to a \in C$ ［$\forall$ 除去］より $a \in C$ ［$\to$ 除去］．いずれの場合も $a \in C$ ［$\vee$ 除去］．したがって $A \cup B \subseteq C$ ［注 6.13］．□

問 6.44. 集合 A，B，C および D に対して $A \subseteq B$ かつ $C \subseteq D$ ならば $A \cup C \subseteq B \cup D$ であることを示せ．

命題 6.45. 集合 A，B および C に対して

1. $A \cup (B \cup C) = (A \cup B) \cup C$,
2. $A \cup B = B \cup A$,
3. $A \cup A = A$,
4. $\emptyset \cup A = A$.

証明　(1) および (2) のみ示す．

(1): 補題 6.43 (1) および (2) より，$A \cup B \subseteq (A \cup B) \cup C$ かつ $C \subseteq (A \cup B) \cup C$．再び補題 6.43 (1) および (2) より，$A \subseteq A \cup B$ かつ $B \subseteq A \cup B$．よって，命題 6.10 (3) より $A \subseteq (A \cup B) \cup C$ かつ $B \subseteq (A \cup B) \cup C$．補題 6.43 (3) より，$B \cup C \subseteq (A \cup B) \cup C$．したがって，再び補題 6.43 (3) より，$A \cup (B \cup C) \subseteq (A \cup B) \cup C$．同様にして，$(A \cup B) \cup C \subseteq A \cup (B \cup C)$．ゆえに，命題 6.10 (2) より $A \cup (B \cup C) = (A \cup B) \cup C$．

(2): 補題 6.43 (2) および (1) より，$A \subseteq B \cup A$ かつ $B \subseteq B \cup A$．よって，補題 6.43 (3) より $A \cup B \subseteq B \cup A$．同様にして $B \cup A \subseteq A \cup B$．ゆえに，命題 6.10 (2) より $A \cup B = B \cup A$．□

問 6.46. 命題 6.45 (3) および (4) を示せ．

問 6.47. 集合 A および B に対して，$A \subseteq B$ であるための必要十分条件は $A \cup B = B$ であることを示せ．

集合 A，B および C に対して，

$$A \cup (B \cup C) = (A \cup B) \cup C$$

により，どのような順序で合併集合を求めても同じ集合になることがわかる．

記法 6.48. n 個 $(n \geq 0)$ の集合 $A_1, \ldots, A_n$ に対して，その合併集合を記号

$$A_1 \cup \cdots \cup A_n \quad \text{あるいは} \quad \bigcup_{i=1}^{n} A_i$$

で表し，次のように帰納的に定義する．

- $n = 0$ のとき，$A_1 \cup \cdots \cup A_n = \emptyset$.
- $n = k + 1$ $(k \geq 0)$ のとき，$A_1 \cup \cdots \cup A_n = (A_1 \cup \cdots \cup A_k) \cup A_{k+1}$.

記法 6.49. n 個 $(n \geq 0)$ の対象 $a_1, \ldots, a_n$ に対して，それらを要素とする集合を記号 $\{a_1, \ldots, a_n\}$ で表し，次のように定義する．

$$\{a_1, \ldots, a_n\} = \{a_1\} \cup \ldots \cup \{a_n\}$$

記法 6.50. 自然数 n $(n \geq 0)$ を表す集合を同じ記号 n で表し，次のように帰納的に定義する．

- $n = 0$ のとき，$n = 0 = \emptyset$.
- $n = k + 1$ $(k \geq 0)$ のとき，$n = k + 1 = k \cup \{k\}$.

例 6.51. $0 = \emptyset$，$1 = \{\emptyset\} = \{0\}$，$2 = \{\emptyset, \{\emptyset\}\} = \{0, 1\}$ および $3 = \{\emptyset, \{\emptyset\}, \{\emptyset, \{\emptyset\}\}\} = \{0, 1, 2\}$ である．一般に $n = \{0, \ldots, n-1\}$ が成り立つ．

注 6.52. 自然数全体の集合 $\mathbb{N}$ の存在は，**無限公理** (axiom of infinity)

$$\exists u[\emptyset \in u \wedge \forall x \in u(x \cup \{x\} \in u)]$$

により保証され，$\mathbb{N}$ がデデキント・ペアノの公理系を満たすことも示せる．また，自然数 m, n に対する等号 $m = n$ に関する二重否定除去や排中律

$$\neg\neg(m = n) \to m = n, \qquad m = n \lor \neg(m = n)$$

も無限公理より，RAA を用いずに導ける．自然数に対する大小関係 $\leq$ や $<$ に関する二重否定除去や排中律も同様である．

自然数が集合で表せ自然数全体の集合 $\mathbb{N}$ が存在すると，それを基に整数が集合で表せ整数全体の集合 $\mathbb{Z}$ が存在し，有理数が集合で表せ有理数全体の集合 $\mathbb{Q}$ が存在する．それらに対する等号や大小関係に関する二重否定除去や排中律も，RAA を用いずに導ける．さらに，実数も集合で表せ実数全体の集合も存在する．

これまで「対象」と「集合」という言葉を区別してきたが，このように集合論の対象はすべて集合であり，集合論の世界では集合以外存在しない．にもかかわらず豊かな数学理論をすべて集合の言葉で語ることができるので，集合論は非常に強力である．

第7章
集合とその構成(2)

前章では，非順序対，順序対，空集合，和集合および合併集合の構成を見た．本章では，引き続き共通部分，直積集合，べき集合，差集合および補集合の構成について述べる．

7.1 共通部分

集合 A と B の共通部分はクラス

$$\{x \mid x \in A \land x \in B\}$$

により定義される．このクラスが集合であることは，より一般的な集合の存在を仮定する次の**分出公理** (axiom of separation) により保証される．

$$\exists u \forall z [z \in u \leftrightarrow (z \in A \land \varphi(z))]$$

ここで，A および $\varphi(z)$ はそれぞれ任意の集合および述語．

補題 7.1. 集合 A と述語 $\varphi(x)$ に対して，クラス $\{x \mid x \in A \land \varphi(x)\}$ は集合である．

証明　集合 A と述語 $\varphi(x)$ に対して，分出公理より

$$\exists u \forall z [z \in u \leftrightarrow z \in \{x \mid x \in A \land \varphi(x)\}]. \qquad \square$$

集合 A と述語 $\varphi(x)$ に対して，補題 7.1 および補題 6.19 により

$$\forall z [z \in C \leftrightarrow z \in \{x \mid x \in A \land \varphi(x)\}]$$

となる集合 C が唯1つ存在する．その集合 C を記号 $\{x \in A \mid \varphi(x)\}$ で表す．すなわち

$$\{x \in A \mid \varphi(x)\} = \{x \mid x \in A \land \varphi(x)\}.$$

注 7.2. 述語 $\varphi(x)$ に対して，$\varphi(a)$ となる対象 a の集まり $\{x \mid \varphi(x)\}$ はクラスであり一般に集合ではない．分出公理は，$\varphi(a)$ となる対象 a を集合 A の要素に限定した集まり $\{x \in A \mid \varphi(x)\}$ はいつも集合であることを保証している．

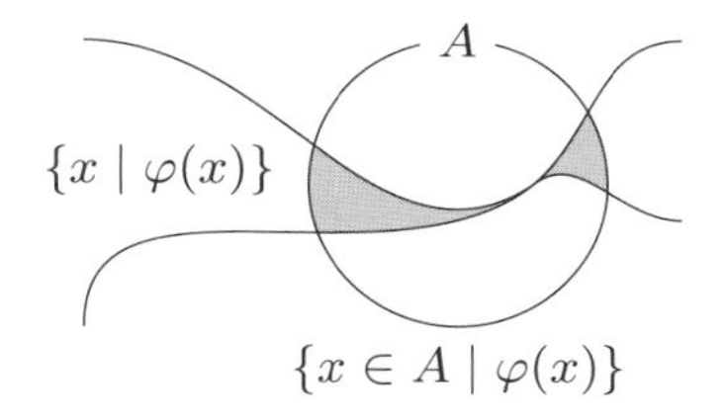

注 7.3. 集合 A と述語 $\varphi(x)$ に対して，$\{x \in A \mid \varphi(x)\} \subseteq A$ である．実際，任意の $a \in \{x \in A \mid \varphi(x)\}$ に対して，$a \in A \land \varphi(a)$ ［注 6.20］．よって $a \in A$ ［$\land$ 除去］．したがって $\{x \in A \mid \varphi(x)\} \subseteq A$ ［注 6.13］．

補題 7.4. 集合 A と B に対して，クラス $\{x \mid x \in A \land x \in B\}$ は集合である．

証明　補題 7.1 において $\varphi(x) \equiv x \in B$ と置けばよい． □

集合 A および B に対して，補題 7.4 および補題 6.19 により

$$\forall z[z \in C \leftrightarrow z \in \{x \mid x \in A \land x \in B\}]$$

となる集合 C が唯1つ存在する．その集合 C を記号 $A \cap B$ で表し，A と B の**共通部分** (intersection) と呼ぶ．すなわち

$$A \cap B = \{x \mid x \in A \land x \in B\}.$$

ベン図で表すと次のようになる．

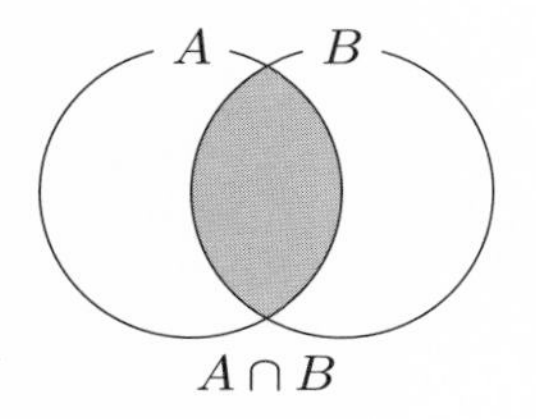

例 7.5. $\{1,3\} \cap \{1,2,4\} = \{1\}$ であり，$\{1,3\} \cap \{2\} = \emptyset$ である．

例 7.6. $\{r \in \mathbb{Q} \mid 1 \leq r\} \cap \{r \in \mathbb{Q} \mid r < \sqrt{2}\} = \{r \in \mathbb{Q} \mid 1 \leq r < \sqrt{2}\}$ であり，$\{r \in \mathbb{Q} \mid r < \sqrt{2}\} \cap \{r \in \mathbb{Q} \mid \sqrt{2} \leq r\} = \emptyset$ である．

問 7.7. $\{1,3\} \cap \{1,3\}$ および $\{1,3\} \cap \{1,2,3,4\}$ を求めよ．

補題 7.8. 集合 A，B および C に対して

1. $A \cap B \subseteq A$,
2. $A \cap B \subseteq B$,
3. $A \subseteq B$ かつ $A \subseteq C$ ならば，$A \subseteq B \cap C$.

証明　(1): 任意の $a \in A \cap B$ に対して，$a \in A \wedge a \in B$［注 6.20］．よって $a \in A$［$\wedge$ 除去］．したがって $A \cap B \subseteq A$［注 6.13］．

(2): (1) と同様．

(3): $A \subseteq B$ かつ $A \subseteq C$ と仮定する．任意の $a \in A$ に対して，$A \subseteq B$ より $a \in B$［注 6.13］，および $A \subseteq C$ より $a \in C$［注 6.13］．よって $a \in B \wedge a \in C$［$\wedge$ 導入］．したがって $a \in B \cap C$［注 6.20］．ゆえに $A \subseteq B \cap C$［注 6.13］．　□

問 7.9. 集合 A，B，C および D に対して，$A \subseteq B$ かつ $C \subseteq D$ ならば $A \cap C \subseteq B \cap D$ であることを示せ．

命題 7.10. 集合 A，B および C に対して

1. $A \cap (B \cap C) = (A \cap B) \cap C$,
2. $A \cap B = B \cap A$,
3. $A \cap A = A$,

4. $\emptyset \cap A = \emptyset$.

証明 (1) および (2) のみ示す.

(1): 補題 7.8 (1) および (2) より，$A \cap (B \cap C) \subseteq A$ および $A \cap (B \cap C) \subseteq B \cap C$. 再び補題 7.8 (1) および (2) より，$B \cap C \subseteq B$ および $B \cap C \subseteq C$. よって，命題 6.10 (3) より $A \cap (B \cap C) \subseteq B$ および $A \cap (B \cap C) \subseteq C$. 補題 7.8 (3) より $A \cap (B \cap C) \subseteq A \cap B$. したがって，再び補題 7.8 (3) より $A \cap (B \cap C) \subseteq (A \cap B) \cap C$. 同様にして，$(A \cap B) \cap C \subseteq A \cap (B \cap C)$. ゆえに，命題 6.10 (2) より，$A \cap (B \cap C) = (A \cap B) \cap C$.

(2): 補題 7.8 (2) および (1) より，$A \cap B \subseteq B$ および $A \cap B \subseteq A$. よって，補題 7.8 (3) より $A \cap B \subseteq B \cap A$. 同様にして $B \cap A \subseteq A \cap B$. ゆえに，命題 6.10 (2) より $A \cap B = B \cap A$. □

問 7.11. 命題 7.10 (3) および (4) を示せ.

問 7.12. 集合 A および B に対して，$A \subseteq B$ であるための必要十分条件は $A \cap B = A$ であることを示せ.

集合 A，B および C に対して，

$$A \cap (B \cap C) = (A \cap B) \cap C$$

により，どのような順序で共通部分を求めても同じ集合になることがわかる.

記法 7.13. n 個 $(n \geq 1)$ の集合 $A_1, \ldots, A_n$ に対して，その共通部分を記号

$$A_1 \cap \cdots \cap A_n \quad \text{あるいは} \quad \bigcap_{i=1}^{n} A_i$$

で表し，次のように帰納的に定義する.

- $n = 1$ のとき，$A_1 \cap \cdots \cap A_n = A_1$.
- $n = k + 1$ $(k \geq 1)$ のとき，$A_1 \cap \cdots \cap A_n = (A_1 \cap \cdots \cap A_k) \cap A_{k+1}$.

集合 A と B に対して，$A \cap B = \emptyset$ であるとき A と B は**互いに素** (disjoint) で

あるといい，$A \cap B$ が要素を持つ，すなわち $\exists x(x \in A \cap B)$ であるとき A と B は**交わる**（intersect または overlap）といい，記号 $A \between B$ で表すこともある．

例 7.14. $\{0,2,4\}$ と $\{1,3\}$ は互いに素であり，$\{0,2,4\}$ と $\{0,1,3\}$ は交わる．

例 7.15. $\{r \in \mathbb{Q} \mid r < \sqrt{2}\}$ と $\{r \in \mathbb{Q} \mid \sqrt{2} \le r\}$ は互いに素であり，$\{r \in \mathbb{Q} \mid r \le 1\}$ と $\{r \in \mathbb{Q} \mid 1 \le r\}$ は交わる．

命題 7.16. 集合 A および B に対して

1. $A \cap (A \cup B) = A$,
2. $A \cup (A \cap B) = A$.

証明　(1) のみ示す．補題 7.8 (1) より $A \cap (A \cup B) \subseteq A$．一方，命題 6.10 (1) より $A \subseteq A$．補題 6.43 (1) より $A \subseteq A \cup B$．よって，補題 7.8 (3) より $A \subseteq A \cap (A \cup B)$．ゆえに，命題 6.10 (2) より $A \cap (A \cup B) = A$．　□

問 7.17. 命題 7.16 (2) を示せ．

命題 7.18. 集合 A，B および C に対して

1. $A \cap (B \cup C) = (A \cap B) \cup (A \cap C)$,
2. $A \cup (B \cap C) = (A \cup B) \cap (A \cup C)$.

証明　(1) のみ示す．

補題 7.8 (2) より $A \cap B \subseteq B$．補題 6.43 (1) より $B \subseteq B \cup C$．よって，命題 6.10 (3) より $A \cap B \subseteq B \cup C$．また，補題 7.8 (1) より $A \cap B \subseteq A$．したがって，補題 7.8 (3) より $A \cap B \subseteq A \cap (B \cup C)$．同様にして，$A \cap C \subseteq A \cap (B \cup C)$．よって，補題 6.43 (3) より，$(A \cap B) \cup (A \cap C) \subseteq A \cap (B \cup C)$．

任意の $a \in A \cap (B \cup C)$ に対して，$a \in A \wedge a \in B \cup C$ [注 6.20]．よって $a \in B \cup C$ [$\wedge$ 除去]．したがって $a \in B \vee a \in C$ [注 6.20]．$a \in B$ のとき，$a \in A$ [$\wedge$ 除去] より $a \in A \wedge a \in B$ [$\wedge$ 導入]．よって $a \in A \cap B$．したがって $(a \in A \cap B) \vee (a \in A \cap C)$ [$\vee$ 導入]．$a \in C$ のとき，同様にして $(a \in A \cap B) \vee (a \in A \cap C)$．いずれの場合も $(a \in A \cap B) \vee (a \in A \cap C)$ [$\vee$ 除去]．よ

って $a \in (A \cap B) \cup (A \cap C)$ [注 6.20]．したがって $A \cap (B \cup C) \subseteq (A \cap B) \cup (A \cap C)$ [注 6.13]．

ゆえに，命題 6.10 (2) より $A \cap (B \cup C) = (A \cap B) \cup (A \cap C)$． □

問 7.19. 命題 7.18 (2) を示せ．

問 7.20. 集合 A に対して，集合 $\mathsf{R}_A = \{x \in A \mid x \notin x\}$ を A の**ラッセル集合** (Russell set) と呼ぶ（分出公理により R_A は集合である）．任意の集合 A に対し，$\mathsf{R}_A \notin A$ であることを示せ．

ヒント：$\mathsf{R}_A \in A$ を仮定し，$\mathsf{R}_A \in \mathsf{R}_A$ から矛盾を導き $\mathsf{R}_A \notin \mathsf{R}_A$ を示し，$\mathsf{R}_A \notin \mathsf{R}_A$ より矛盾を導け．

注 7.21. 問 7.20 から，集合全体を含む集合は存在しないことが次のようにわかる．集合全体を含む集合 U が存在したとすると，問 7.20 より $\mathsf{R}_U \notin U$．しかし，R_U は集合なので $\mathsf{R}_U \in U$．これは矛盾．したがって，すべての対象（集合）を集めてきたクラス $\{x \mid \top\}$ は集合ではない．

7.2 直積集合

集合 A と B の直積はクラス

$$\{z \mid \exists x \in A \exists y \in B\,(z = \langle x, y \rangle)\}$$

により定義される．このクラスが集合であることは，次の**置換公理** (axiom of replacement) により保証される．

$$\forall x \in A \exists! y \varphi(x, y) \to \exists u \forall y [y \in u \leftrightarrow \exists x \in A\, \varphi(x, y)].$$

ここで，A および $\varphi(x, y)$ はそれぞれ任意の集合および述語．（置換公理の直感的説明は注 8.30 参照．）

補題 7.22. 対象 a と集合 B に対して，クラス $\{z \mid \exists y \in B\,(z = \langle a, y \rangle)\}$ は集合である．

証明　a を対象，B を集合とし，$b \in B$ と仮定する．$\varphi(y, w) \equiv (w = \langle a, y \rangle)$ と置けば，（非）順序対の一意性から $\exists ! w \varphi(b, w)$．よって $b \in B \to \exists ! w \varphi(b, w)$ ［$\to$ 導入］．b は任意なので $\forall y \in B \exists ! w \varphi(y, w)$ ［$\forall$ 導入］．したがって，置換公理より $\exists u \forall w [w \in u \leftrightarrow \exists y \in B\, \varphi(y, w)]$ ［$\to$ 除去］．すなわち

$$\exists u \forall w [w \in u \leftrightarrow w \in \{z \mid \exists y \in B\, (z = \langle a, y \rangle)\}]. \qquad \square$$

対象 a と集合 B に対して，補題 7.22 および補題 6.19 より

$$\forall w [w \in C \leftrightarrow w \in \{z \mid \exists y \in B\, (z = \langle a, y \rangle)\}]$$

となる集合 C が唯 1 つ存在する．その集合 C を記号 $\{a\} \times B$ で表す．すなわち

$$\{a\} \times B = \{z \mid \exists y \in B\, (z = \langle a, y \rangle)\}.$$

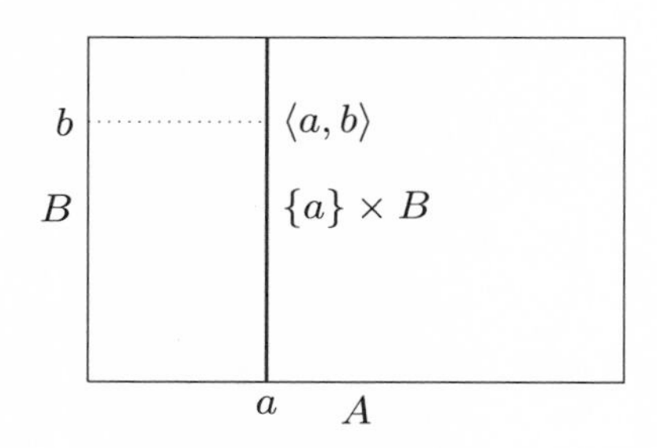

例 7.23. $\{0\} \times \{0, 1\} = \{\langle 0, 0 \rangle, \langle 0, 1 \rangle\}$ である．

問 7.24. $\{1\} \times \{0, 1, 2\}$ を求めよ．

注 7.25. 任意の対象 a に対して，$\{a\} \times \emptyset = \emptyset$ である．実際，任意の $c \in \{a\} \times \emptyset$ に対して，$\exists y \in \emptyset\, (c = \langle a, y \rangle)$ ［注 6.20］．命題 6.35 より $\neg \exists y \in \emptyset\, (c = \langle a, y \rangle)$．よって $\bot$ ［$\to$ 除去］．したがって $c \notin \{a\} \times \emptyset$ ［$\to$ 導入］．また，c は任意なので $\forall z (z \notin \{a\} \times \emptyset)$ ［$\forall$ 導入］．ゆえに，系 6.34 より $\{a\} \times \emptyset = \emptyset$．

補題 7.26. 集合 A および B に対して，クラス

$$\{w \mid \exists x \in A\, (w = \{x\} \times B)\}$$

は集合である.

証明 A および B を集合とし，$a \in A$ と仮定する．$\varphi(x, v) \equiv (v = \{x\} \times B)$ と置けば，補題 7.22 および補題 6.19 より $\exists! v \varphi(a, v)$．よって $a \in A \to \exists! v \varphi(a, v)$ [$\to$ 導入]．a は任意なので $\forall x \in A \exists! v \varphi(x, v)$ [$\forall$ 導入]．したがって，置換公理より

$$\exists u \forall v [v \in u \leftrightarrow \exists x \in A\, \varphi(x, v)] \quad [\to \text{除去}].$$

すなわち $\exists u \forall v [v \in u \leftrightarrow v \in \{w \mid \exists x \in A\, (w = \{x\} \times B)\}]$. □

例 7.27.

$$\begin{aligned}\{w \mid \exists x \in \{0,1\}\, (w = \{x\} \times \{0,1\})\} &= \{\{0\} \times \{0,1\}, \{1\} \times \{0,1\}\} \\ &= \{\{\langle 0,0\rangle, \langle 0,1\rangle\}, \{\langle 1,0\rangle, \langle 1,1\rangle\}\}.\end{aligned}$$

補題 7.28. 集合 A および B に対して，クラス

$$\{z \mid \exists x \in A \exists y \in B\, (z = \langle x, y\rangle)\}$$

は集合である.

証明 集合 A および B に対して，補題 7.26 より

$$C = \{w \mid \exists x \in A\, (w = \{x\} \times B)\}$$

となる集合 C が存在する．$D = \bigcup C = \{z \mid \exists w \in C\, (z \in w)\}$ と置く（和集合の公理より D は集合である）.

$d \in D$ ならば，$\exists w \in C\, (d \in w)$ [注 6.20]．$c \in C \wedge d \in c$ となる c が存在する．$c \in C$ [$\wedge$ 除去] より $\exists x \in A (c = \{x\} \times B)$ [注 6.20]．$a \in A \wedge c = \{a\} \times B$ となる a が存在する．よって，$c = \{a\} \times B = \{z \mid \exists y \in B\, (z = \langle a, y\rangle)\}$ [$\wedge$ 除去] および $d \in c$ [$\wedge$ 除去] より，$\exists y \in B\, (d = \langle a, y\rangle)$ [注 6.20]．したがって，$a \in A$ [$\wedge$ 除去] より $a \in A \wedge \exists y \in B\, (d = \langle a, y\rangle)$ [$\wedge$ 導入]．したがって $\exists x \in A \exists y \in B\, (d = \langle x, y\rangle)$ [$\exists$ 導入]．ゆえに

$$d \in D \to \exists x \in A \exists y \in B\,(d = \langle x, y \rangle) \quad [\to 導入].$$

逆に，$\exists x \in A \exists y \in B\,(d = \langle x, y \rangle)$ と仮定する．$a \in A \wedge \exists y \in B\,(d = \langle a, y \rangle)$ となる a が存在する．$c = \{a\} \times B = \{z \mid \exists y \in B\,(z = \langle a, y \rangle)\}$ と置けば，$\exists y \in B\,(d = \langle a, y \rangle)$ [$\wedge$ 除去] より $d \in c$ [注 6.20]．また，$a \in A$ [$\wedge$ 除去] より $a \in A \wedge (c = \{a\} \times B)$ [$\wedge$ 導入]．よって $\exists x \in A(c = \{x\} \times B)$ [$\exists$ 導入]．したがって $c \in C$ [注 6.20]．よって $c \in C \wedge d \in c$ [$\wedge$ 導入]．したがって $\exists w \in C\,(d \in w)$ [$\exists$ 導入]．よって $d \in D$ [注 6.20]．ゆえに

$$\exists x \in A \exists y \in B\,(d = \langle x, y \rangle) \to d \in D \quad [\to 導入].$$

したがって $d \in D \leftrightarrow \exists x \in A \exists y \in B\,(d = \langle x, y \rangle)$ [$\wedge$ 導入]．d は任意なので $\forall z[z \in D \leftrightarrow \exists x \in A \exists y \in B\,(z = \langle x, y \rangle)]$ [$\forall$ 導入]．ゆえに

$$\exists u \forall z[z \in u \leftrightarrow \exists x \in A \exists y \in B\,(z = \langle x, y \rangle)]. \quad [\exists 導入]. \qquad \square$$

集合 A と B に対して，補題 7.28 および補題 6.19 より

$$\forall w[w \in C \leftrightarrow w \in \{z \mid \exists x \in A \exists y \in B\,(z = \langle x, y \rangle)\}]$$

となる集合 C が唯 1 つ存在する．その集合 C を記号 $A \times B$ で表し，集合 A と B の**直積集合** (cartesian product) と呼ぶ．すなわち

$$A \times B = \{z \mid \exists x \in A \exists y \in B\,(z = \langle x, y \rangle)\}.$$

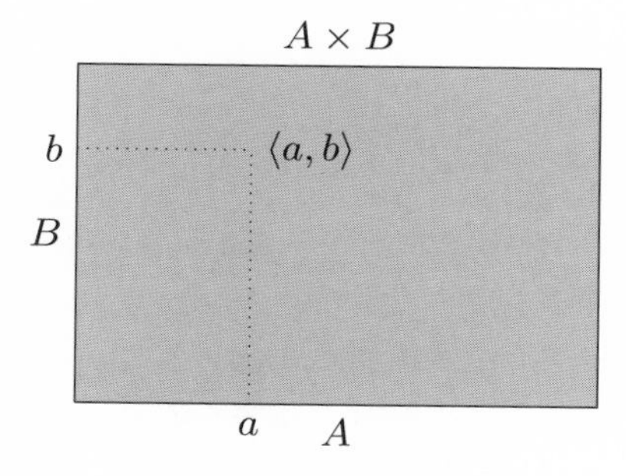

例 7.29.

$$\begin{aligned}\{0,1\}\times\{0,1\} &= \bigcup\{w \mid \exists x\in\{0,1\}\,(w=\{x\}\times\{0,1\})\}\\ &= \bigcup\{\{0\}\times\{0,1\},\{1\}\times\{0,1\}\}\\ &= \bigcup\{\{\langle 0,0\rangle,\langle 0,1\rangle\},\{\langle 1,0\rangle,\langle 1,1\rangle\}\}\\ &= \{\langle 0,0\rangle,\langle 0,1\rangle,\langle 1,0\rangle,\langle 1,1\rangle\}.\end{aligned}$$

問 7.30. $\{0,1,2\}\times\{1\}$ を求めよ．

注 7.31. $c\in A\times B$ と仮定する．よって $\exists x\in A\exists y\in B\,(c=\langle x,y\rangle)$ [注 6.20]．$a\in A\wedge\exists y\in B\,(c=\langle a,y\rangle)$ となる a が存在する．よって $\exists y\in B\,(c=\langle a,y\rangle)$ [$\wedge$ 除去]．$b\in B\wedge(c=\langle a,b\rangle)$ となる b が存在する．したがって，$a\in A$ [$\wedge$ 除去]，$b\in B$ [$\wedge$ 除去] および $c=\langle a,b\rangle$ [$\wedge$ 除去]．ゆえに，$c\in A\times B$ ならば，$c=\langle a,b\rangle$ となる $a\in A$ および $b\in B$ が存在する．

逆に，$c=\langle a,b\rangle$，$a\in A$ および $b\in B$ ならば，$b\in B\wedge(c=\langle a,b\rangle)$ [$\wedge$ 導入]．よって $\exists y\in B\,(c=\langle a,y\rangle)$ [$\exists$ 導入]．したがって $a\in A\wedge\exists y\in B\,(c=\langle a,y\rangle)$ [$\wedge$ 導入]．よって $\exists x\in A\exists y\in B\,(c=\langle x,y\rangle)$ [$\exists$ 導入]．したがって $c\in A\times B$ [注 6.20]．ゆえに，$c=\langle a,b\rangle$，$a\in A$ および $b\in B$ ならば，$c\in A\times B$.

このことから，以下では次のように直積集合を用いる．

- よって $c\in A\times B$．$c=\langle a,b\rangle$ となる $a\in A$ および $b\in B$ が存在する
- $c=\langle a,b\rangle$，$a\in A$ および $b\in B$ ならば，$c\in A\times B$

また，$\langle a,b\rangle\in A\times B$ ならば，$\langle a,b\rangle=\langle a',b'\rangle$ となる $a'\in A$ および $b'\in B$ が存在する．よって，命題 6.28 より $a=a'$ かつ $b=b'$．したがって，$a\in A$ および $b\in B$ [注 6.2]．このことから

- $\langle a,b\rangle\in A\times B$ ならば，$a\in A$ かつ $b\in B$.

注 7.32. 任意の集合 A に対して，$\emptyset\times A=A\times\emptyset=\emptyset$ である．実際，$c\in\emptyset\times A$ に対して，$c=\langle a,b\rangle$ となる $a\in\emptyset$ および $b\in A$ が存在する．よって矛盾 ($\perp$) [注 6.20]．したがって $c\notin\emptyset\times A$ [$\rightarrow$ 導入]．c は任意なので $\forall x(x\notin\emptyset\times A)$ [$\forall$

導入]．ゆえに，系 6.34 より $\emptyset \times A = \emptyset$．同様にして $A \times \emptyset = \emptyset$.

補題 7.33. 集合 A，B，C および D に対して，$A \subseteq C$ かつ $B \subseteq D$ ならば，$A \times B \subseteq C \times D$ である．

証明　$A \subseteq C$ かつ $B \subseteq D$ と仮定する．任意の $c \in A \times B$ に対して，$c = \langle a, b\rangle$ となる $a \in A$ および $b \in B$ が存在する［注 7.31］．$a \in A$ および $A \subseteq C$ より，$a \in C$．また，$b \in B$ および $B \subseteq D$ より，$b \in D$．したがって，$c = \langle a, b\rangle$，$a \in C$ および $b \in D$ より $c \in C \times D$［注 7.31］．ゆえに $A \times B \subseteq C \times D$［注 6.13］．　□

命題 7.34. 集合 A，B，C および D に対して

1. $(A \times C) \cup (B \times C) = (A \cup B) \times C$,
2. $(A \times B) \cup (A \times C) = A \times (B \cup C)$,
3. $(A \cap B) \times (C \cap D) = (A \times C) \cap (B \times D)$,
4. $(A \times C) \cup (B \times D) \subseteq (A \cup B) \times (C \cup D)$.

証明　(1) および (3) のみ示す．

(1): 補題 6.43 (1) および (2) より，$A \subseteq A \cup B$ および $B \subseteq A \cup B$．命題 6.10 (1) より $C \subseteq C$．よって，補題 7.33 より $A \times C \subseteq (A \cup B) \times C$ および $B \times C \subseteq (A \cup B) \times C$．したがって，補題 6.43 (3) より

$$(A \times C) \cup (B \times C) \subseteq (A \cup B) \times C.$$

任意の $d \in (A \cup B) \times C$ に対して，$d = \langle a, c\rangle$ となる $a \in A \cup B$ および $c \in C$ が存在する．よって $a \in A \vee a \in B$［注 6.20］．$a \in A$ のとき，$d = \langle a, c\rangle$，$a \in A$ および $c \in C$ より $d \in A \times C$［注 7.31］．よって $d \in (A \times C) \vee d \in (B \times C)$［$\vee$ 導入］．したがって $d \in (A \times C) \cup (B \times C)$［注 6.20］．$a \in B$ のとき，同様にして $d \in (A \times C) \cup (B \times C)$．いずれの場合も $d \in (A \times C) \cup (B \times C)$［$\vee$ 除去］．したがって $(A \cup B) \times C \subseteq (A \times C) \cup (B \times C)$［注 6.13］．

ゆえに，命題 6.10 (2) より $(A \times C) \cup (B \times C) = (A \cup B) \times C$.

(3): 補題 7.8 (1) および (2) より，$A \cap B \subseteq A$，$A \cap B \subseteq B$，$C \cap D \subseteq C$ お

よび $C \cap D \subseteq D$．よって，補題 7.33 より $(A \cap B) \times (C \cap D) \subseteq A \times C$ および $(A \cap B) \times (C \cap D) \subseteq B \times D$．ゆえに，補題 7.8 (3) より

$$(A \cap B) \times (C \cap D) \subseteq (A \times C) \cap (B \times D).$$

任意の $e \in (A \times C) \cap (B \times D)$ に対して，$e \in A \times C \wedge e \in B \times D$［注 6.20］．よって，$e \in A \times C$ および $e \in B \times D$．$e = \langle a, c \rangle$ となる $a \in A$ および $c \in C$ が存在する［注 7.31］．また，$e = \langle b, d \rangle$ となる $b \in B$ および $d \in D$ が存在する［注 7.31］．$e = \langle a, c \rangle$ および $e = \langle b, d \rangle$ より，$\langle a, c \rangle = \langle b, d \rangle$．よって，命題 6.28 より，$a = b$ かつ $c = d$．したがって，$b \in B$ および $d \in D$ より $a \in B$ および $c \in D$［注 6.2］．よって，$a \in A$ より $a \in A \wedge a \in B$［$\wedge$ 導入］．また，$c \in C$ より $c \in C \wedge c \in D$［$\wedge$ 導入］．したがって，$e = \langle a, c \rangle$，$a \in A \cap B$［注 6.20］および $c \in C \cap D$［注 6.20］より $e \in (A \cap B) \times (C \cap D)$［注 7.31］．したがって $(A \times C) \cap (B \times D) \subseteq (A \cap B) \times (C \cap D)$［注 6.13］．

ゆえに，命題 6.10 (2) より $(A \cap B) \times (C \cap D) = (A \times C) \cap (B \times D)$．□

問 7.35. 補題 7.34 (2) および (4) を示せ．

例 7.36. 集合 A，B，C および D に対して，

$$(A \cup B) \times (C \cup D) \subseteq (A \times C) \cup (B \times D)$$

は一般には成り立たない．以下に**反例** (counterexample) を示す．

$A = C = \{0\}$ および $B = D = \{1\}$ とする．このとき，$A \cup B = C \cup D = \{0, 1\}$ より $(A \cup B) \times (C \cup D) = \{\langle 0, 0 \rangle, \langle 0, 1 \rangle, \langle 1, 0 \rangle, \langle 1, 1 \rangle\}$．一方

$$(A \times C) \cup (B \times D) = \{\langle 0, 0 \rangle\} \cup \{\langle 1, 1 \rangle\} = \{\langle 0, 0 \rangle, \langle 1, 1 \rangle\}.$$

よって，$\langle 0, 1 \rangle \in (A \cup B) \times (C \cup D)$ であるが $\langle 0, 1 \rangle \notin (A \times C) \cup (B \times D)$．

記法 7.37. n 個 $(n \geq 1)$ の集合 $A_1, \ldots, A_n$ に対して，その直積集合を記号

$$A_1 \times \cdots \times A_n \quad \text{あるいは} \quad \prod_{i=1}^{n} A_i$$

で表し，次のように帰納的に定義する．

- $n=1$ のとき，$A_1 \times \cdots \times A_n = A_1$.
- $n=k+1$ $(k \geq 1)$ のとき，$A_1 \times \cdots \times A_n = (A_1 \times \cdots \times A_k) \times A_{k+1}$.

記法 7.38. 集合 A の n 個 $(n \geq 1)$ の直積集合を記号 A^n で表し，次のように帰納的に定義する．

- $n=1$ のとき，$A^n = A^1 = A$.
- $n=k+1$ $(k \geq 1)$ のとき，$A^n = A^{k+1} = A^k \times A$.

7.3 べき集合

集合 A のべきはクラス

$$\{x \mid x \subseteq A\}$$

により定義される．このクラスが集合であることは，次の**べき集合の公理** (axiom of powerset) により保証される．

$$\forall u \exists v \forall x [x \in v \leftrightarrow x \subseteq u]$$

補題 7.39. 集合 A に対して，クラス $\{x \mid x \subseteq A\}$ は集合である．

証明　集合 A に対して，べき集合の公理より $\exists v \forall x [x \in v \leftrightarrow x \subseteq A]$ [$\forall$ 除去]. □

集合 A に対して，補題 7.39 および補題 6.19 より

$$\forall z [z \in C \leftrightarrow z \in \{x \mid x \subseteq A\}]$$

となる集合 C が唯1つ存在する．その集合 C を記号 $\mathrm{Pow}(A)$ で表し，A の**べき集合** (powerset) と呼ぶ．すなわち

$$\mathrm{Pow}(A) = \{x \mid x \subseteq A\}.$$

例 7.40. すべての集合 A に対して，$\emptyset \in \mathrm{Pow}(A)$ および $A \in \mathrm{Pow}(A)$ である．

例 7.41. RAA を用いると

$$\mathrm{Pow}(\{0\}) = \{\emptyset, \{0\}\}, \qquad \mathrm{Pow}(\{0,1\}) = \{\emptyset, \{0\}, \{1\}, \{0,1\}\}$$

である（補題 7.44 (2) 参照）．

補題 7.42. $\mathrm{Pow}(\emptyset) = \{\emptyset\}$ である．

証明　任意の $a \in \{\emptyset\}$ に対して，$a = \emptyset$ [注 6.24]．命題 6.10 (1) より $\emptyset \subseteq \emptyset$．よって $a \subseteq \emptyset$ [注 6.2]．したがって $a \in \mathrm{Pow}(\emptyset)$ [注 6.20]．ゆえに $\{\emptyset\} \subseteq \mathrm{Pow}(\emptyset)$ [注 6.13]．

任意の $a \in \mathrm{Pow}(\emptyset)$ に対して，$a \subseteq \emptyset$ [注 6.20]．よって $a = \emptyset$ [注 6.33]．したがって $a \in \{\emptyset\}$ [注 6.24]．ゆえに $\mathrm{Pow}(\emptyset) \subseteq \{\emptyset\}$ [注 6.13]．

よって，命題 6.10 (2) より $\mathrm{Pow}(\emptyset) = \{\emptyset\}$．　□

補題 7.43. $\mathrm{Pow}(\{\emptyset\})$ に対して以下が成り立つ．

1. $\{\emptyset, \{\emptyset\}\} \subseteq \mathrm{Pow}(\{\emptyset\})$,
2. 任意の $u, v \in \mathrm{Pow}(\{\emptyset\})$ に対して，$u = v$ であるための必要十分条件は $\emptyset \in u \leftrightarrow \emptyset \in v$,
3. 任意の $u \in \mathrm{Pow}(\{\emptyset\})$ に対して，$u = \{\emptyset\}$ であるための必要十分条件は $\emptyset \in u$,
4. 任意の $u \in \mathrm{Pow}(\{\emptyset\})$ に対して，$u = \emptyset$ であるための必要十分条件は $\emptyset \notin u$.
5. 任意の $u \in \mathrm{Pow}(\{\emptyset\})$ に対して，$u = \emptyset$ であるための必要十分条件は $u \neq \{\emptyset\}$.

証明　(1): 任意の $u \in \{\emptyset, \{\emptyset\}\}$ に対して，$u = \emptyset \vee u = \{\emptyset\}$ [注 6.20]．$u = \emptyset$ のとき，命題 6.32 より $\emptyset \subseteq \{\emptyset\}$．よって $u \subseteq \{\emptyset\}$ [注 6.2]．$u = \{\emptyset\}$ のとき，命題 6.10 (1) より $\{\emptyset\} \subseteq \{\emptyset\}$．よって $u \subseteq \{\emptyset\}$ [注 6.2]．いずれの場合も $u \subseteq \{\emptyset\}$ [$\vee$ 除去]．したがって $u \in \mathrm{Pow}(\{\emptyset\})$ [注 6.20]．ゆえに $\{\emptyset, \{\emptyset\}\} \subseteq \mathrm{Pow}(\{\emptyset\})$ [注 6.13]．

(2): $u, v \in \mathrm{Pow}(\{\emptyset\})$ とする．$u = v$ ならば，$\emptyset \in u \leftrightarrow \emptyset \in u$ より $\emptyset \in u \leftrightarrow \emptyset \in v$［注 6.2］．逆に，$\emptyset \in u \leftrightarrow \emptyset \in v$ と仮定する．任意の $a \in u$ に対して，$u \subseteq \{\emptyset\}$［注 6.20］より $a \in \{\emptyset\}$［注 6.13］．よって $a = \emptyset$［注 6.24］．したがって，$\emptyset \in u$［注 6.2］．よって，$\emptyset \in u \to \emptyset \in v$［$\wedge$ 除去］より $\emptyset \in v$［$\to$ 除去］．したがって $a \in v$［注 6.2］．よって $u \subseteq v$［注 6.13］．同様にして，$v \subseteq u$．したがって，命題 6.10 (2) より $u = v$．

(3): $u \in \mathrm{Pow}(\{\emptyset\})$ とする．$u = \{\emptyset\}$ ならば，$\emptyset \in \{\emptyset\}$［注 6.24］より $\emptyset \in u$［注 6.2］．逆に，$\emptyset \in u$ と仮定する．よって $\{\emptyset\} \subseteq u$［注 6.24］．$u \in \mathrm{Pow}(\{\emptyset\})$ より $u \subseteq \{\emptyset\}$［注 6.20］．したがって，命題 6.10 (2) より $u = \{\emptyset\}$．

(4): $u \in \mathrm{Pow}(\{\emptyset\})$ とする．$u = \emptyset$ と仮定する．$\emptyset \in u$ ならば，$\emptyset \in \emptyset$［注 6.2］．これは矛盾［注 6.20］．よって $\emptyset \notin u$［$\to$ 導入］．逆に，$\emptyset \notin u$ と仮定する．任意の $c \in u$ に対して，$u \subseteq \{\emptyset\}$［注 6.20］より $c \in \{\emptyset\}$［注 6.13］．よって $c = \emptyset$［注 6.24］．したがって $\emptyset \in u$［注 6.2］．これは矛盾．よって $c \notin u$［$\to$ 導入］．c は任意なので $\forall x(x \notin u)$［$\forall$ 導入］．したがって，系 6.34 より $u = \emptyset$．

(5): $u \in \mathrm{Pow}(\{\emptyset\})$ とする．$u = \emptyset$ と仮定する．$u = \{\emptyset\}$ ならば，(3) より $\emptyset \in u$．よって $\emptyset \in \emptyset$［注 6.2］．これは矛盾［注 6.20］．したがって $u \neq \{\emptyset\}$［$\to$ 導入］．逆に，$u \neq \{\emptyset\}$ と仮定する．$\emptyset \in u$ ならば，(3) より $u = \{\emptyset\}$．これは矛盾［$\to$ 除去］．よって $\emptyset \notin u$［$\to$ 導入］．したがって，(4) より $u = \emptyset$． □

補題 7.44. RAA を用いると，$\mathrm{Pow}(\{\emptyset\})$ に対して以下が成り立つ．

1. 任意の $u \in \mathrm{Pow}(\{\emptyset\})$ に対して，$u = \{\emptyset\}$ であるための必要十分条件は $u \neq \emptyset$，
2. $\mathrm{Pow}(\{\emptyset\}) = \{\emptyset, \{\emptyset\}\}$．

証明　(1): $u \in \mathrm{Pow}(\{\emptyset\})$ とする．$u = \{\emptyset\}$ と仮定する．補題 7.43 (3) より $\emptyset \in u$．$u = \emptyset$ ならば $\emptyset \in \emptyset$［注 6.2］．これは矛盾［注 6.20］．したがって $u \neq \emptyset$［$\to$ 導入］．逆に，$u \neq \emptyset$ と仮定する．$\neg(\emptyset \in u)$，すなわち $\emptyset \notin u$ ならば，補題 7.43 (4) より $u = \emptyset$．これは矛盾［$\to$ 除去］．よって $\emptyset \in u$［RAA］．したがって，補題 7.43 (3) より $u = \{\emptyset\}$．

(2): $u \in \mathrm{Pow}(\{\emptyset\})$ に対して，$\neg(u = \emptyset \vee u = \{\emptyset\})$ と仮定する．$u = \{\emptyset\}$ な

らば $u = \emptyset \vee u = \{\emptyset\}$ [$\vee$ 導入]．これは矛盾 [$\to$ 除去]．よって $u \neq \{\emptyset\}$．したがって，補題 7.43 (5) より $u = \emptyset$．よって $u = \emptyset \vee u = \{\emptyset\}$ [$\vee$ 導入]．これは矛盾 [$\to$ 除去]．ゆえに $u = \emptyset \vee u = \{\emptyset\}$ [RAA]．よって $u \in \{\emptyset, \{\emptyset\}\}$ [注 6.20]．したがって $u \in \mathrm{Pow}(\{\emptyset\}) \to u \in \{\emptyset, \{\emptyset\}\}$ [$\to$ 導入]．u は任意なので $\mathrm{Pow}(\{\emptyset\}) \subseteq \{\emptyset, \{\emptyset\}\}$．ゆえに，補題 7.43 (1) と命題 6.10 (2) より $\mathrm{Pow}(\{\emptyset\}) = \{\emptyset, \{\emptyset\}\}$． □

注 7.45. 記法 6.50 で導入した自然数を用いると，補題 7.42 は $\mathrm{Pow}(0) = 1$．RAA を用いれば，補題 7.44 (2) は $\mathrm{Pow}(1) = 2 = \{0, 1\}$．ただし $\mathrm{Pow}(2) \neq 3$ である．

補題 7.46. 集合 A および B に対して，$A \subseteq B$ ならば $\mathrm{Pow}(A) \subseteq \mathrm{Pow}(B)$ である．

証明　$A \subseteq B$ と仮定する．任意の $a \in \mathrm{Pow}(A)$ に対して，$a \subseteq A$ [注 6.20]．よって，命題 6.10 (3) より $a \subseteq B$．したがって $a \in \mathrm{Pow}(B)$ [注 6.20]．ゆえに $\mathrm{Pow}(A) \subseteq \mathrm{Pow}(B)$ [注 6.13]． □

命題 7.47. 集合 A および B に対して，

1. $\mathrm{Pow}(A) \cup \mathrm{Pow}(B) \subseteq \mathrm{Pow}(A \cup B)$,
2. $\mathrm{Pow}(A) \cap \mathrm{Pow}(B) = \mathrm{Pow}(A \cap B)$.

証明　(2) のみ示す．

補題 7.8 (1) および (2) より，$A \cap B \subseteq A$ および $A \cap B \subseteq B$．よって，補題 7.46 より $\mathrm{Pow}(A \cap B) \subseteq \mathrm{Pow}(A)$ および $\mathrm{Pow}(A \cap B) \subseteq \mathrm{Pow}(B)$．補題 7.8 (3) より $\mathrm{Pow}(A \cap B) \subseteq \mathrm{Pow}(A) \cap \mathrm{Pow}(B)$．

任意の $a \in \mathrm{Pow}(A) \cap \mathrm{Pow}(B)$ に対して，$a \in \mathrm{Pow}(A) \wedge a \in \mathrm{Pow}(B)$ [注 6.20]．よって $a \in \mathrm{Pow}(A)$ [$\wedge$ 除去] および $a \in \mathrm{Pow}(B)$ [$\wedge$ 除去]．したがって $a \subseteq A$ [注 6.20] および $a \subseteq B$ [注 6.20]．よって，補題 7.8 (3) より $a \subseteq A \cap B$．したがって $a \in \mathrm{Pow}(A \cap B)$ [注 6.20]．したがって $\mathrm{Pow}(A) \cap \mathrm{Pow}(B) \subseteq \mathrm{Pow}(A \cap B)$ [注 6.13]．

ゆえに，命題 6.10 (2) より $\mathrm{Pow}(A) \cap \mathrm{Pow}(B) = \mathrm{Pow}(A \cap B)$． □

問 7.48. 命題 7.47 (1) を示せ.

問 7.49. 集合 A および B に対して，$\mathrm{Pow}(A \cup B) \subseteq \mathrm{Pow}(A) \cup \mathrm{Pow}(B)$ は一般には成り立たない．反例を挙げよ.

7.4　差集合と補集合

差集合

集合 A および B に対して，集合

$$A \setminus B = \{x \in A \mid x \notin B\}.$$

を A と B の**差集合** (difference) と呼ぶ．$A \setminus B$ は分出公理により集合である．ベン図で表すと次のようになる.

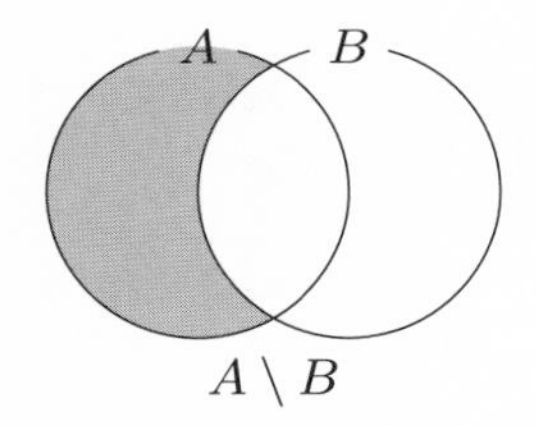

例 7.50. $\{0,1,2,3\} \setminus \{1,3,4\} = \{0,2\}$ である.

例 7.51. $\{r \in \mathbb{Q} \mid r < \sqrt{2}\} \setminus \{r \in \mathbb{Q} \mid r < 1\} = \{r \in \mathbb{Q} \mid 1 \leq r < \sqrt{2}\}$ である.

補題 7.52. 集合 A，B，C および D に対して $A \subseteq C$ かつ $D \subseteq B$ ならば，$A \setminus B \subseteq C \setminus D$ である.

証明　$A \subseteq C$ かつ $D \subseteq B$ と仮定する．任意の $a \in A \setminus B$ に対して，$a \in A \wedge a \notin B$ [注 6.20]．よって，$a \in A$ [$\wedge$ 除去] および $A \subseteq C$ より $a \in C$ [注 6.13]．$a \in D$ ならば，$D \subseteq B$ より $a \in B$ [注 6.13]．これは $a \notin B$ [$\wedge$ 除去] に矛盾 [$\rightarrow$ 除去]．よって $a \notin D$ [$\rightarrow$ 導入]．したがって $a \in C \wedge a \notin D$ [$\wedge$ 導入]．よって $a \in C \setminus D$ [注 6.20]．ゆえに $A \setminus B \subseteq C \setminus D$ [注 6.13]. □

命題 7.53. 集合 A，B および C に対して

1. $(A \cup B) \setminus C = (A \setminus C) \cup (B \setminus C)$,
2. $(A \cap B) \setminus C = (A \setminus C) \cap (B \setminus C)$,
3. $A \setminus (B \cup C) = (A \setminus B) \cap (A \setminus C)$,
4. $(A \setminus B) \cup (A \setminus C) \subseteq A \setminus (B \cap C)$.

また RAA を用いると

5. $A \setminus (B \cap C) = (A \setminus B) \cup (A \setminus C)$.

証明 (4) および (5) のみ示す．

(4): 補題 7.8 (1) および (2) より，$B \cap C \subseteq B$ および $B \cap C \subseteq C$．また，命題 6.10 (1) より $A \subseteq A$．よって，補題 7.52 より $A \setminus B \subseteq A \setminus (B \cap C)$ および $A \setminus C \subseteq A \setminus (B \cap C)$．したがって，補題 6.43 (3) より

$$(A \setminus B) \cup (A \setminus C) \subseteq A \setminus (B \cap C).$$

(5): 任意の $a \in A \setminus (B \cap C)$ に対して，$a \in A \land a \notin B \cap C$ [注 6.20]．$a \notin (A \setminus B) \cup (A \setminus C)$ と仮定する．$a \in B$，さらに $a \in C$ ならば $a \in B \land a \in C$ [$\land$ 導入]．よって $a \in B \cap C$ [注 6.20]．これは $a \notin B \cap C$ [$\land$ 除去] に矛盾 [$\to$ 除去]．よって $a \notin C$ [$\to$ 導入]．したがって，$a \in A$ [$\land$ 除去] より $a \in A \land a \notin C$ [$\land$ 導入]．よって $a \in A \setminus C$ [注 6.20]．したがって $a \in (A \setminus B) \lor a \in (A \setminus C)$ [$\lor$ 導入]．よって $a \in (A \setminus B) \cup (A \setminus C)$ [注 6.20]．これは矛盾 [$\to$ 除去]．したがって $a \notin B$ [$\to$ 導入]．よって $a \in A \land a \notin B$ [$\land$ 導入]．したがって $a \in A \setminus B$ [注 6.20]．よって $a \in (A \setminus B) \lor a \in (A \setminus C)$ [$\lor$ 導入]．したがって $a \in (A \setminus B) \cup (A \setminus C)$ [注 6.20]．これは矛盾 [$\to$ 除去]．よって $a \in (A \setminus B) \cup (A \setminus C)$ [RAA]．したがって $A \setminus (B \cap C) \subseteq (A \setminus B) \cup (A \setminus C)$ [注 6.13]．

ゆえに，(4) と命題 6.10 (2) より $A \setminus (B \cap C) = (A \setminus B) \cup (A \setminus C)$． □

問 7.54. 命題 7.53 (1)，(2) および (3) を示せ．

補集合

議論の際に，ある 1 つの集合 U に注目しその要素や部分集合だけに限定して議論を展開する場合が多い．このようなとき U を**普遍集合**または**全体集合** (universal set) という．また，U の部分集合 A に対して $U \setminus A$ を A の（U に対する）**補集合** (complement) といい，記号 A^c で表す．ベン図で表すと次のようになる．

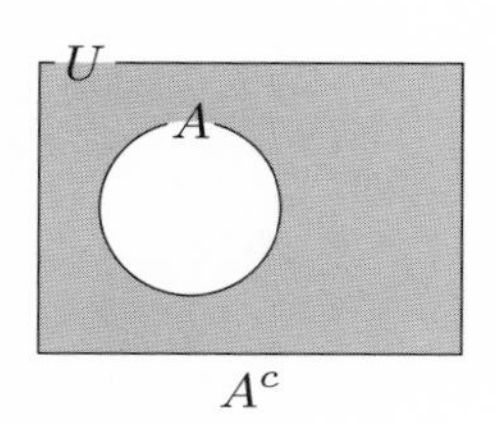

例 7.55. 全体集合 U を $\{0,1,2,3\}$ としたとき，$\{0,2\}^c = \{1,3\}$ である．

例 7.56. 全体集合 $\mathbb{Q}$ としたとき，$\{r \in \mathbb{Q} \mid 1 < r\}^c = \{r \in \mathbb{Q} \mid r \leq 1\}$ であり，$\{r \in \mathbb{Q} \mid r < \sqrt{2}\}^c = \{r \in \mathbb{Q} \mid \sqrt{2} \leq r\}$ である（ただし，$\sqrt{2} \notin \mathbb{Q}$ に注意せよ）．

補題 7.57. 全体集合 U の部分集合 A および B に対して，$A \subseteq B$ ならば $B^c \subseteq A^c$ であり，逆に RAA を用いれば $B^c \subseteq A^c$ ならば $A \subseteq B$ である．

証明　$A \subseteq B$ と仮定する．命題 6.10 (1) より $U \subseteq U$．したがって，補題 7.52 より $B^c = U \setminus B \subseteq U \setminus A = A^c$.

逆に $B^c \subseteq A^c$ と仮定する．任意の $a \in A$ に対して，$A \subseteq U$ より $a \in U$［注 6.13］．$a \notin B$ と仮定する．よって $a \in U \wedge a \notin B$［$\wedge$ 導入］．したがって $a \in B^c$［注 6.20］．よって，$B^c \subseteq A^c$ より $a \in A^c$［注 6.13］．したがって $a \in U \wedge a \notin A$［注 6.20］．よって $a \notin A$［$\wedge$ 除去］．これは $a \in A$ に矛盾［$\to$ 除去］．したがって $a \in B$［RAA］．ゆえに $A \subseteq B$［注 6.13］．　□

命題 7.58. 全体集合 U の部分集合 A および B に対して

1. $A \cap A^c = \emptyset$,
2. $A \cup A^c \subseteq U$,
3. $A \subseteq (A^c)^c$,

4. $(A \cup B)^c = A^c \cap B^c$,
5. $A^c \cup B^c \subseteq (A \cap B)^c$.

また RAA を用いると

6. $A \cup A^c = U$,
7. $(A^c)^c = A$,
8. $(A \cap B)^c = A^c \cup B^c$.

(4) および (8) を**ド・モルガンの法則** (De Morgan's laws) と呼ぶ場合がある.

証明 (4), (5) および (8) は, 命題 7.53 (3), (4) および (5) よりただちに導ける. (6) および (7) のみ示す.

(6): (1), (4) および命題 6.32 より $(A \cup A^c)^c = A^c \cap (A^c)^c = \emptyset \subseteq U^c$. よって, 補題 7.57 より $U \subseteq A \cup A^c$. したがって, (2) および命題 6.10 (2) より $A \cup A^c = U$.

(7): (3) より $A^c \subseteq ((A^c)^c)^c$. よって, 補題 7.57 より $(A^c)^c \subseteq A$. したがって, (3) および命題 6.10 (2) より $(A^c)^c = A$. □

問 7.59. 命題 7.58 (1), (2) および (3) を示せ.

第 8 章
関係

本章では，最も基本的な数学的概念である関係について説明する．関係は続く第 9 章の写像および第 10 章の同値関係と順序を含む一般的な概念である．その基本的な性質について述べる．

8.1　関係

X および Y を集合とする．直積集合 $X \times Y$ の部分集合 R を X から Y への**関係** (relation) という．

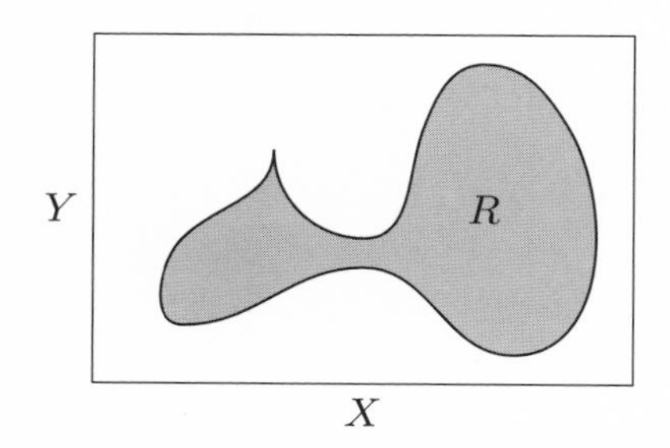

集合 X を関係 R の**始集合** (initial set)，Y を R の**終集合** (final set) と呼ぶ．

例 8.1. $X = Y = \{0, 1, 2\}$ とする．

$$R = \{\langle 0, 1\rangle, \langle 1, 2\rangle, \langle 2, 2\rangle\} \subseteq X \times Y$$

は X から Y への関係である．

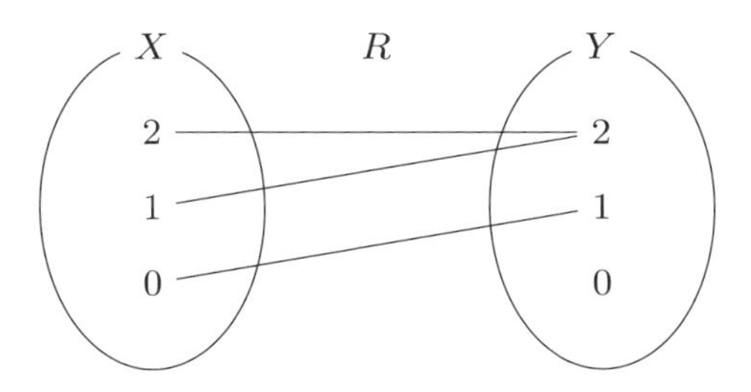

例 8.2. 自然数上の大小関係は述語 $x \leq y$ で与えられるが，関係としては次の $\mathbb{N} \times \mathbb{N}$ の部分集合として与えられる．

$$\leq = \{\langle x, y\rangle \in \mathbb{N} \times \mathbb{N} \mid x \leq y\}$$

逆に，関係 $R \subseteq X \times Y$ は述語

$$\langle x, y\rangle \in R$$

を定める．関係 R を述語 $\langle x, y\rangle \in R$ として見たとき，$X \times Y$ の部分集合 R を関係 R の**グラフ** (graph) という．以下では，述語 $\langle x, y\rangle \in R$ を大小関係 $\leq$ に倣って次のように表す．

$$x \mathrel{R} y$$

注 8.3. 集合 X と Y に対して，命題 6.32 より $\emptyset \subseteq X \times Y$ なので，$\emptyset$ は X から Y への関係である．また，注 7.32 より $\emptyset \subseteq \emptyset \times Y = X \times \emptyset = \emptyset \times \emptyset = \emptyset$ なので，$\emptyset$ はそれぞれ $\emptyset$ から Y，X から $\emptyset$ および $\emptyset$ から $\emptyset$ への唯 1 つの関係である．

関係 $R \subseteq X \times Y$ と関係 $S \subseteq X' \times Y'$ は

$$X = X' \text{ かつ } Y = Y' \text{ かつ } R = S$$

であるとき等しいといい，$R = S$ と表す．

注 8.4. 関係 $R \subseteq X \times Y$，$X \subseteq X'$ および $Y \subseteq Y'$ となる集合 X' と Y' に対して，$R \subseteq X \times Y \subseteq X' \times Y'$（補題 7.33）より，$R$ は X' から Y' への関係でもある．集合としては同じ集合 R であるが，関係 R はその始集合 X と終集合 Y を

併せて考えるので，関係 $R \subseteq X \times Y$ と関係 $R \subseteq X' \times Y'$ は，X と X' あるいは Y と Y' が異なれば，異なる関係である．

関係 $R \subseteq X \times Y$ に対して，直積集合 $Y \times X$ の部分集合

$$\begin{aligned} R^{-1} &= \{z \in Y \times X \mid \exists y \in Y \exists x \in X\,(z = \langle y, x\rangle \wedge x\ R\ y)\} \\ &= \{\langle y, x\rangle \in Y \times X \mid x\ R\ y\} \end{aligned}$$

を R の**逆関係** (inverse relation) という．

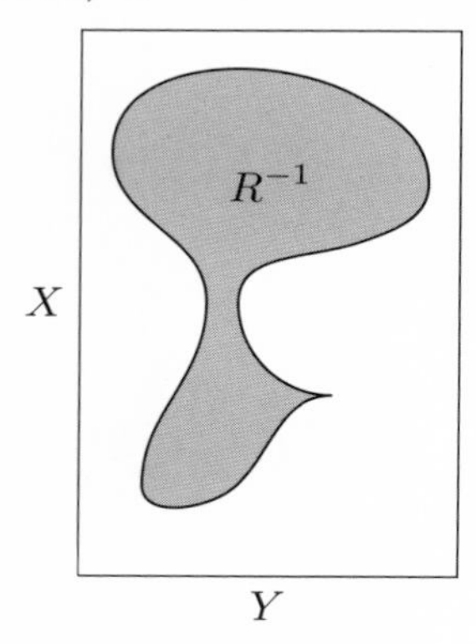

R^{-1} の始集合は Y，終集合は X である．

例 8.5. 例 8.1 の関係 R の逆関係は

$$R^{-1} = \{\langle 1, 0\rangle, \langle 2, 1\rangle, \langle 2, 2\rangle\}$$

である．

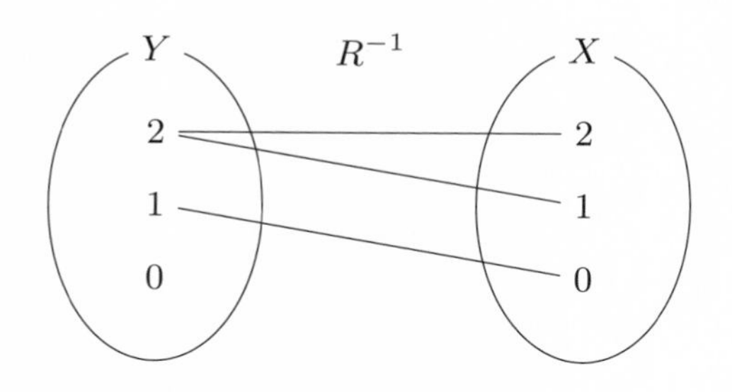

注 8.6. 関係 $\emptyset \subseteq X \times Y$ に対して，$\emptyset^{-1} = \emptyset$．実際，$c \in \emptyset^{-1}$ ならば

$$\exists y \in Y \exists x \in X\,(c = \langle y, x\rangle \wedge x \mathrel{\emptyset} y).$$

よって，$c = \langle b, a\rangle \wedge a \mathrel{\emptyset} b$ となる $a \in X$ および $b \in Y$ が存在する．したがって $a \mathrel{\emptyset} b$，すなわち $\langle a, b\rangle \in \emptyset$．これは矛盾．よって $c \notin \emptyset^{-1}$．c は任意なので $\forall z(z \notin \emptyset^{-1})$．ゆえに，系 6.34 より $\emptyset^{-1} = \emptyset$．

関係 $R \subseteq X \times Y$ および X の部分集合 A に対して，Y の部分集合

$$R(A) = \{y \in Y \mid \exists x \in A\,(x \mathrel{R} y)\}$$

を A の R による**像** (image) という．

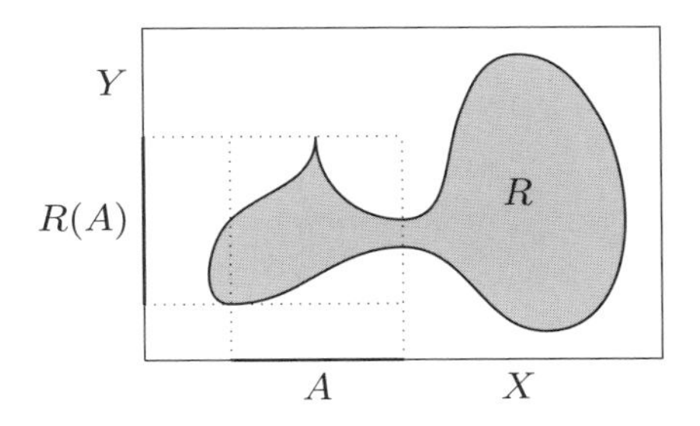

集合 X の要素 a に対し $R(\{a\})$ を単に $R(a)$ と表す．すなわち

$$R(a) = \{y \in Y \mid a \mathrel{R} y\}.$$

例 8.7. 例 8.1 の関係 R に対して，$R(\{0,1\}) = \{1,2\}$ および $R(0) = R(\{0\}) = \{1\}$ である．

問 8.8. 例 8.1 の関係 R に対して $R(\{1,2\})$ を求めよ．

注 8.9. 関係 $R \subseteq X \times Y$ に対して，$R(\emptyset) = \emptyset$ である．実際，$b \in R(\emptyset)$ に対して，$b \in Y \wedge \exists x \in \emptyset\,(x \mathrel{R} b)$．よって $\exists x \in \emptyset\,(x \mathrel{R} b)$．一方，命題 6.35 より $\neg\exists x \in \emptyset\,(x \mathrel{R} b)$．これは矛盾．よって $b \notin R(\emptyset)$．したがって，b は任意なので $\forall x(x \notin R(\emptyset))$．ゆえに，系 6.34 より $R(\emptyset) = \emptyset$．

注 8.10. 関係 $\emptyset \subseteq X \times Y$ および X の部分集合 A に対して，$\emptyset(A) = \emptyset$ である．実際，$b \in \emptyset(A)$ に対して，$b \in Y \wedge \exists x \in A\,(x \mathrel{\emptyset} b)$．よって $\exists x \in A\,(x \mathrel{\emptyset} b)$．

したがって $a\ \emptyset\ b$，すなわち $\langle a,b\rangle \in \emptyset$ となる $a \in X$ が存在する．これは矛盾．よって $b \notin \emptyset(A)$．b は任意なので $\forall y(y \notin \emptyset(A))$．ゆえに，系 6.34 より $\emptyset(A) = \emptyset$．

関係 $R \subseteq X \times Y$ および Y の部分集合 B に対して，B の R^{-1} による像 $R^{-1}(B)$ を，B の R による**逆像** (inverse image) という．すなわち

$$R^{-1}(B) = \{x \in X \mid \exists y \in B\,(y\ R^{-1}\ x)\} = \{x \in X \mid \exists y \in B\,(x\ R\ y)\}.$$

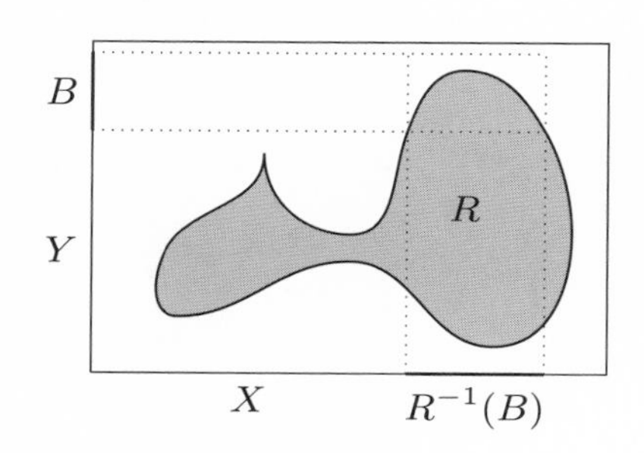

例 8.11. 例 8.1 の関係 R に対して，$R^{-1}(1) = R^{-1}(\{1\}) = \{0\}$ および $R^{-1}(2) = R^{-1}(\{2\}) = \{1,2\}$ である．

問 8.12. 例 8.1 の関係 R に対して，$R^{-1}(\{0,1\})$ および $R^{-1}(0)$ を求めよ．

注 8.13. 関係 $R \subseteq X \times Y$ に対して，注 8.9 より $R^{-1}(\emptyset) = \emptyset$ である．また，関係 $\emptyset \subseteq X \times Y$ および Y の部分集合 B に対して，注 8.6 および注 8.10 より $\emptyset^{-1}(B) = \emptyset$ である．

関係 $R \subseteq X \times Y$ に対して，$R(X)$ および $R^{-1}(Y)$ をそれぞれ R の**値域** (range) および**定義域** (domain) といい，それぞれ $\mathrm{ran}(R)$ および $\mathrm{dom}(R)$ で表す．

問 8.14. 例 8.1 の関係 R の値域および定義域をそれぞれ求めよ．

注 8.15. 関係 $R \subseteq X \times Y$ に対して，$R \subseteq \mathrm{dom}(R) \times \mathrm{ran}(R)$ である．実際，$e \in R$ に対して，$R \subseteq X \times Y$ より $e \in X \times Y$．したがって，$e = \langle a,b\rangle$ とな

る $a \in X$ および $b \in Y$ が存在する．このとき，$e = \langle a, b \rangle \in R$ より $a \ R \ b$．したがって $\exists y \in Y \, (a \ R \ y)$ および $\exists x \in X \, (x \ R \ b)$．よって $a \in \mathrm{dom}(R)$ および $b \in \mathrm{ran}(R)$．したがって，$e = \langle a, b \rangle$ となる $a \in \mathrm{dom}(R)$ および $b \in \mathrm{ran}(R)$ が存在する．よって $e \in \mathrm{dom}(R) \times \mathrm{ran}(R)$．ゆえに $R \subseteq \mathrm{dom}(R) \times \mathrm{ran}(R)$．

補題 8.16. 関係 $R, S \subseteq X \times Y$，$X$ の部分集合 A および B に対して

1. $A \subseteq B$ ならば $R(A) \subseteq R(B)$,
2. $R \subseteq S$ ならば $R(A) \subseteq S(A)$.

証明 (1): $A \subseteq B$ と仮定する．任意の $c \in R(A)$ に対して，$\exists x \in A \, (x \ R \ c)$．$a \ R \ c$ となる $a \in A$ をとる．$A \subseteq B$ より $a \in B$．よって $\exists x \in B \, (x \ R \ c)$．したがって $c \in R(B)$．ゆえに $R(A) \subseteq R(B)$．

(2): $R \subseteq S$ と仮定する．任意の $c \in R(A)$ に対して，$\exists x \in A \, (x \ R \ c)$．$a \ R \ c$，すなわち $\langle a, c \rangle \in R$ となる $a \in A$ をとる．$R \subseteq S$ より $\langle a, c \rangle \in S$．すなわち $a \ S \ c$．よって $\exists x \in A \, (x \ S \ c)$．したがって $c \in S(A)$．ゆえに $R(A) \subseteq S(A)$． □

命題 8.17. 関係 $R \subseteq X \times Y$，X の部分集合 A および B に対して

1. $R(A \cup B) = R(A) \cup R(B)$,
2. $R(A \cap B) \subseteq R(A) \cap R(B)$,
3. $R(A) \setminus R(B) \subseteq R(A \setminus B)$.

証明 (1) のみ示す．補題 6.43 (1) および (2) より，$A \subseteq A \cup B$ および $B \subseteq A \cup B$．よって，補題 8.16 (1) より $R(A) \subseteq R(A \cup B)$ および $R(B) \subseteq R(A \cup B)$．したがって，補題 6.43 (3) より $R(A) \cup R(B) \subseteq R(A \cup B)$．

任意の $c \in R(A \cup B)$ に対して，$\exists x \in A \cup B \, (x \ R \ c)$．$a \ R \ c$ となる $a \in A \cup B$ をとる．したがって $a \in A \vee a \in B$．$a \in A$ のとき，$a \in A \wedge a \ R \ c$．よって $\exists x \in A \, (x \ R \ c)$．したがって $c \in R(A)$．よって $c \in R(A) \vee c \in R(B)$．$a \in B$ のとき，同様にして $c \in R(A) \vee c \in R(B)$．いずれの場合も $c \in R(A) \vee c \in R(B)$．よって $c \in R(A) \cup R(B)$．したがって $R(A \cup B) \subseteq R(A) \cup R(B)$．

ゆえに，命題 6.10 (2) より $R(A \cup B) = R(A) \cup R(B)$． □

問 8.18. 命題 8.17 (2) および (3) を示せ.

例 8.19. 関係 $R \subseteq X \times Y$，X の部分集合 A および B に対して

$$R(A) \cap R(B) \subseteq R(A \cap B)$$

は一般には成り立たない．例 8.1 の関係 R に対して，$A = \{1\}$ および $B = \{2\}$ とすると，$R(A) \cap R(B) = R(\{1\}) \cap R(\{2\}) = \{2\} \cap \{2\} = \{2\}$ であるが $R(A \cap B) = R(\{1\} \cap \{2\}) = R(\emptyset) = \emptyset$ である.

問 8.20. 関係 $R \subseteq X \times Y$，X の部分集合 A および B に対して

$$R(A \setminus B) \subseteq R(A) \setminus R(B)$$

は一般には成り立たない．反例を挙げよ.

関係 $R \subseteq X \times Y$ は，任意の $a \in X$ に対してある $b \in Y$ が存在して $a\ R\ b$，すなわち

$$\forall x \in X \exists y \in Y\ (x\ R\ y)$$

であるとき**全域的** (total) といい，任意の $a \in X$ および $b, c \in Y$ に対して，$a\ R\ b$ かつ $a\ R\ c$ ならば $b = c$，すなわち

$$\forall x \in X \forall y \in Y \forall z \in Y\ [(x\ R\ y \wedge x\ R\ z) \to y = z]$$

であるとき**一価** (single valued) という.

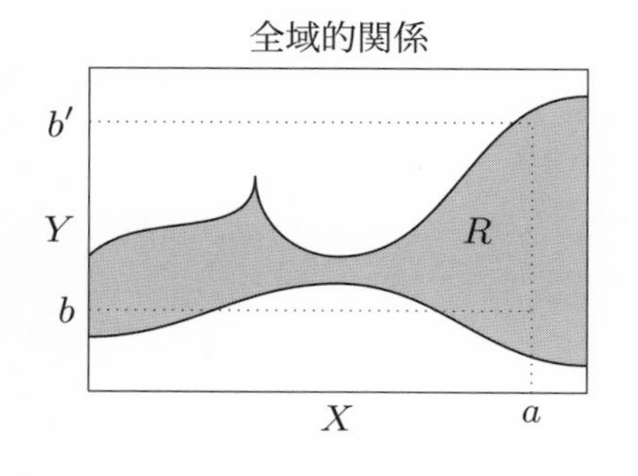

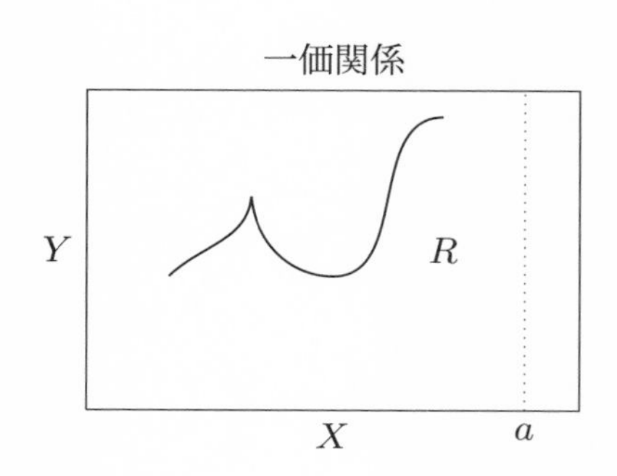

注 8.21. 前ページ左図の関係 R は，$a \in X$ と異なる $b, b' \in Y$ に対して $a\ R\ b$ かつ $a\ R\ b'$ であり，一価ではない．前ページ右図の関係 R は，$a \in X$ に対して $a\ R\ b$ となる $b \in Y$ が存在せず，全域的ではない．

例 8.22. 次の関係 $R \subseteq X \times Y$ は全域的である．$1 \in X$ と $1, 2 \in Y$ に対して $1\ R\ 1$ かつ $1\ R\ 2$ であり，一価ではない．

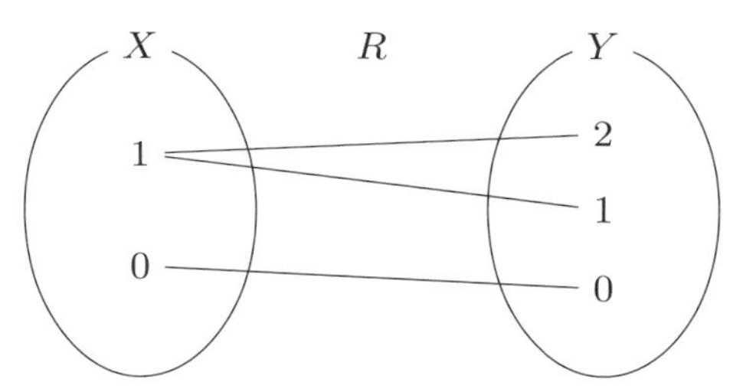

例 8.23. 次の関係 $R \subseteq X \times Y$ は一価である．$0 \in X$ に対して $0\ R\ b$ となる $b \in Y$ が存在せず，全域的ではない．

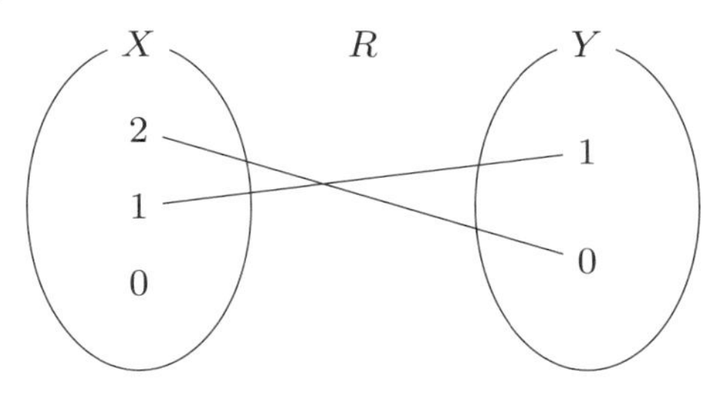

例 8.24. 集合 X に対して $X \times X$ の部分集合

$$\Delta_X = \{z \in X \times X \mid \exists x \in X\,(z = \langle x, x \rangle)\} = \{\langle x, y \rangle \in X \times X \mid x = y\}$$

を**対角集合** (diagonal set) という．

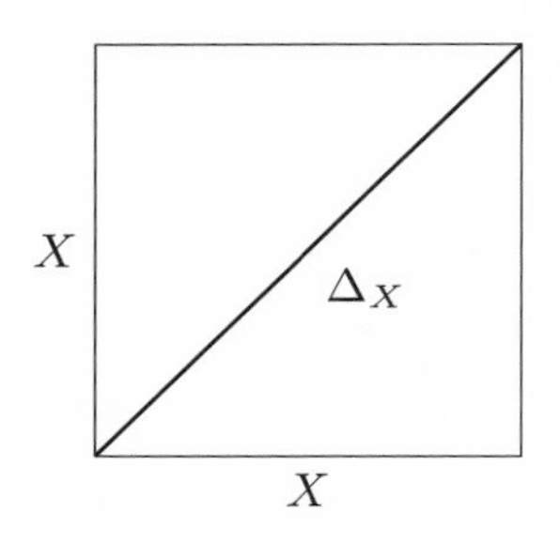

対角集合は X から X への全域的な一価関係である．また $\Delta_X^{-1} = \Delta_X$．

問 8.25. 例 8.1 の関係 R は全域的であるか，また一価であるか確かめよ．逆関係 R^{-1} は全域的であるか，また一価であるか確かめよ．

注 8.26. 関係 $\emptyset \subseteq X \times Y$ は一価，関係 $\emptyset \subseteq \emptyset \times Y$ は全域的かつ一価である．実際，任意の $a \in X$ および $b, c \in Y$ に対して，$a \mathrel{\emptyset} b$ かつ $a \mathrel{\emptyset} c$，すなわち $\langle a, b\rangle \in \emptyset$ かつ $\langle a, c\rangle \in \emptyset$，ならば矛盾．よって $b = c$．したがって $(a \mathrel{\emptyset} b \wedge a \mathrel{\emptyset} c) \rightarrow b = c$．$a \in X$ および $b, c \in Y$ は任意なので

$$\forall x \in X \forall y \in Y \forall z \in Y\, [(x \mathrel{\emptyset} y \wedge x \mathrel{\emptyset} z) \rightarrow y = z].$$

ゆえに，関係 $\emptyset \subseteq X \times Y$ は一価．また，命題 6.35 より $\forall x \in \emptyset \exists y \in Y\, (x \mathrel{\emptyset} y)$．よって，関係 $\emptyset \subseteq \emptyset \times Y$ は全域的かつ一価．

補題 8.27. 関係 $R \subseteq X \times Y$ が全域的であるための必要十分条件は $X = R^{-1}(Y) = \mathrm{dom}(R)$ である．

証明　関係 $R \subseteq X \times Y$ が全域的であると仮定する．任意の $a \in X$ に対して，$\exists y \in Y\, (a \; R \; y)$．$a \; R \; b$ となる $b \in Y$ をとる．よって $b \; R^{-1} \; a$．したがって $\exists y \in Y\, (y \; R^{-1} \; a)$．よって $a \in R^{-1}(Y)$．したがって $X \subseteq R^{-1}(Y)$．また，注 7.3 より $R^{-1}(Y) \subseteq X$．ゆえに，命題 6.10 (2) より $X = R^{-1}(Y) = \mathrm{dom}(R)$．

逆に $X = R^{-1}(Y) = \mathrm{dom}(R)$ と仮定する．$a \in X$ ならば，$a \in R^{-1}(Y)$．よって $\exists y \in Y\, (y \; R^{-1} \; a)$．$b \; R^{-1} \; a$ となる $b \in Y$ をとる．よって $a \; R \; b$．したがって $\exists y \in Y\, (a \; R \; y)$．よって $a \in X \rightarrow \exists y \in Y\, (a \; R \; y)$．$a$ は任意なので $\forall x \in X \exists y \in Y\, (x \; R \; y)$．ゆえに R は全域的．□

命題 8.28. $R \subseteq X \times Y$ を一価関係とする．Y の部分集合 C および D に対して

1. $R^{-1}(C \cap D) = R^{-1}(C) \cap R^{-1}(D)$,
2. $R^{-1}(C \setminus D) = R^{-1}(C) \setminus R^{-1}(D)$.

証明 (2) のみ示す．関係 $R^{-1} \subseteq Y \times X$ に対して，命題 8.17 (3) より

$$R^{-1}(C) \setminus R^{-1}(D) \subseteq R^{-1}(C \setminus D).$$

任意の $a \in R^{-1}(C \setminus D)$ に対して，$\exists y \in C \setminus D\,(y\ R^{-1}\ a)$．$b\ R^{-1}\ a$ となる $b \in C \setminus D$ をとる．よって $b \in C \wedge b \notin D$．$b \in C$ より $\exists y \in C\,(y\ R^{-1}\ a)$．したがって $a \in R^{-1}(C)$．$a \in R^{-1}(D)$ と仮定する．よって $\exists y \in D\,(y\ R^{-1}\ a)$．$c\ R^{-1}\ a$ となる $c \in D$ をとる．$b\ R^{-1}\ a$ および $c\ R^{-1}\ a$ より，$a\ R\ b$ および $a\ R\ c$．R が一価より $b = c$．したがって，$c \in D$ より $b \in D$．これは $b \notin D$ に矛盾．よって $a \notin R^{-1}(D)$．したがって $a \in R^{-1}(C) \wedge a \notin R^{-1}(D)$．よって $a \in R^{-1}(C) \setminus R^{-1}(D)$．したがって $R^{-1}(C \setminus D) \subseteq R^{-1}(C) \setminus R^{-1}(D)$.

ゆえに，命題 6.10 (2) より $R^{-1}(C \setminus D) = R^{-1}(C) \setminus R^{-1}(D)$. □

問 8.29. 命題 8.28 (1) を示せ．

注 8.30. 7.2 節で述べた置換公理

$$\forall x \in A \exists ! y \varphi(x,y) \to \exists u \forall y [y \in u \leftrightarrow \exists x \in A\, \varphi(x,y)]$$

は，関係の言葉を用いると次のように説明できる．

述語 $\varphi(x,y)$ に対して

$$\mathcal{R} = \{z \mid \exists x \exists y (z = \langle x,y \rangle \wedge \varphi(x,y))\} = \{\langle x,y \rangle \mid \varphi(x,y)\}$$

と置く．$\mathcal{R}$ はクラスであり集合ではないが，ある種の関係と見なすことができる（ここではクラス関係と呼ぶ）．置換公理の前提 $\forall x \in A \exists ! y \varphi(x,y)$ は

$$\forall x \in A \exists y (x\ \mathcal{R}\ y) \wedge \forall x \in A \forall y \forall z [(x\ \mathcal{R}\ y \wedge x\ \mathcal{R}\ z) \to y = z]$$

と書き直せ，$\mathcal{R}$ が**集合 $\boldsymbol{A}$ の上で**全域的および一価であることを表している．また，一般に集合 A のクラス関係 $\mathcal{R}$ による像

$$\mathcal{R}(A) = \{y \mid \exists x \in A\,(x\ \mathcal{R}\ y)\} = \{y \mid \exists x \in A\,\varphi(x, y)\}$$

もクラスであり集合ではないが，置換公理の結論はクラス $\mathcal{R}(A)$ が集合であることを主張している．

したがって置換公理は，クラス関係 $\mathcal{R}$ が集合 A 上で全域的かつ一価であれば，A の $\mathcal{R}$ による像 $\mathcal{R}(A)$ が集合であることを保証している．

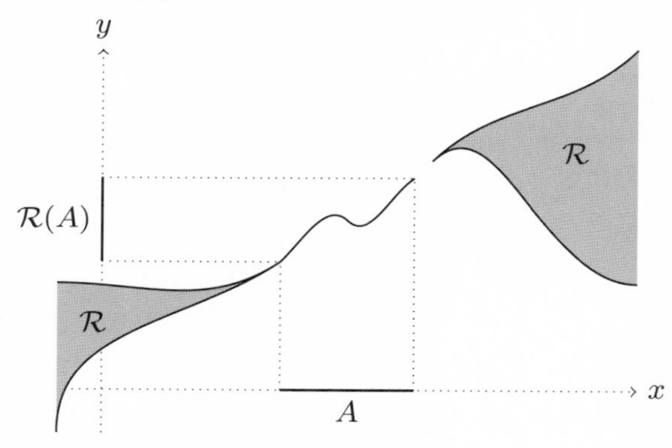

8.2　関係の合成

X，Y および Z を集合とする．関係 $R \subseteq X \times Y$ および $S \subseteq Y \times Z$ に対して，関係 $S \circ R \subseteq X \times Z$ を

$$\begin{aligned} S \circ R &= \{u \in X \times Z \mid \exists x \in X \exists z \in Z[u = \langle x, z\rangle \land \exists y \in Y\,(x\ R\ y \land y\ S\ z)]\} \\ &= \{\langle x, z\rangle \in X \times Z \mid \exists y \in Y\,(x\ R\ y \land y\ S\ z)\} \end{aligned}$$

で定義し，R と S の**合成** (composition) という．

例 8.31. $X = Y = Z = \{0, 1, 2\}$ とする．例 8.1 の関係 $R \subseteq X \times Y$ と関係

$$S = \{\langle 0, 0\rangle, \langle 1, 0\rangle, \langle 1, 1\rangle, \langle 2, 2\rangle\} \subseteq Y \times Z$$

の合成 $S \circ R$ は

$$S \circ R = \{\langle 0, 0\rangle, \langle 0, 1\rangle, \langle 1, 2\rangle, \langle 2, 2\rangle\}.$$

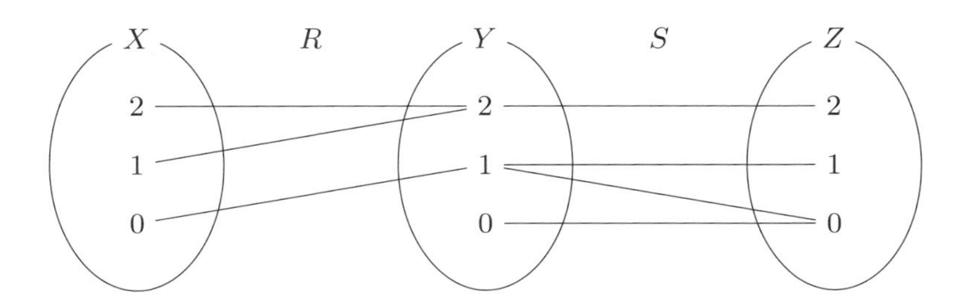

問 8.32. $X = Y = \{0, 1, 2\}$ および $Z = \{0, 1, 2, 3\}$ とする．例 8.1 の関係 $R \subseteq X \times Y$ と次の関係 S の合成 $S \circ R$ を求めよ．

$$S = \{\langle 0, 0\rangle, \langle 1, 0\rangle, \langle 1, 2\rangle, \langle 2, 2\rangle, \langle 2, 3\rangle\} \subseteq Y \times Z$$

命題 8.33. 関係 $R \subseteq X \times Y$，$S \subseteq Y \times Z$ および $T \subseteq Z \times W$ に対して

1. $T \circ (S \circ R) = (T \circ S) \circ R$,
2. $R \circ \Delta_X = \Delta_Y \circ R = R$.

証明 (1) のみ示す．任意の $e \in T \circ (S \circ R)$ に対して，$e = \langle a, d\rangle$ かつ

$$\exists z \in Z\, (a\ (S \circ R)\ z \wedge z\ T\ d)$$

となる $a \in X$ および $d \in W$ が存在する．$a\ (S \circ R)\ c \wedge c\ T\ d$ となる $c \in Z$ をとる．$a\ (S \circ R)\ c$ より，$\exists y \in Y\, (a\ R\ y \wedge y\ S\ c)$．$a\ R\ b \wedge b\ S\ c$ となる $b \in Y$ が存在する．$c\ T\ d$ より $b\ S\ c \wedge c\ T\ d$．したがって

$$\exists z \in Z\, (b\ S\ z \wedge z\ T\ d).$$

よって $b\ (T \circ S)\ d$．$a\ R\ b$ より $a\ R\ b \wedge b\ (T \circ S)\ d$．したがって

$$\exists y \in Y\, (a\ R\ y \wedge y\ (T \circ S)\ d).$$

よって $e = \langle a, d\rangle \in (T \circ S) \circ R$．したがって $T \circ (S \circ R) \subseteq (T \circ S) \circ R$．同様にして $(T \circ S) \circ R \subseteq T \circ (S \circ R)$．ゆえに，命題 6.10 (2) より $T \circ (S \circ R) = (T \circ S) \circ R$． □

問 8.34. 命題 8.33 (2) を示せ．

命題 8.35. 関係 $R \subseteq X \times Y$ および $S \subseteq Y \times Z$ に対して

1. $(R^{-1})^{-1} = R$,
2. $(S \circ R)^{-1} = R^{-1} \circ S^{-1}$.

証明　(2) のみ示す．任意の $e \in (S \circ R)^{-1}$ に対して，$e = \langle c, a \rangle$ かつ $a\ S \circ R\ c$ となる $a \in X$ および $c \in Z$ が存在する．よって $\exists y \in Y\,(a\ R\ y \wedge y\ S\ c)$. $a\ R\ b$ および $b\ S\ c$ となる $b \in Y$ をとる．よって $b\ R^{-1}\ a$ および $c\ S^{-1}\ b$. したがって $c\ S^{-1}\ b \wedge b\ R^{-1}\ a$. よって $\exists y \in Y\,(c\ S^{-1}\ y \wedge y\ R^{-1}\ a)$. したがって $e = \langle c, a \rangle \in R^{-1} \circ S^{-1}$. よって $(S \circ R)^{-1} \subseteq R^{-1} \circ S^{-1}$. 同様にして $R^{-1} \circ S^{-1} \subseteq (S \circ R)^{-1}$. ゆえに，命題 6.10 (2) より $(R \circ S)^{-1} = R^{-1} \circ S^{-1}$. □

問 8.36. 命題 8.35 (1) を示せ.

補題 8.37. 関係 $R, R' \subseteq X \times Y$ および $S, S' \subseteq Y \times Z$ に対して

1. $R \subseteq R'$ ならば $R^{-1} \subseteq R'^{-1}$,
2. $R \subseteq R'$ および $S \subseteq S'$ ならば $S \circ R \subseteq S' \circ R'$.

証明　(2) のみ示す．$R \subseteq R'$ および $S \subseteq S'$ と仮定する．任意の $e \in S \circ R$ に対して，$e = \langle a, c \rangle$ かつ

$$\exists y \in Y\,(a\ R\ y \wedge y\ S\ c)$$

となる $a \in X$ および $c \in Z$ が存在する．$a\ R\ b$ および $b\ S\ c$，すなわち $\langle a, b \rangle \in R$ および $\langle b, c \rangle \in S$ となる $b \in Y$ をとる．よって，$\langle a, b \rangle \in R'$ および $\langle b, c \rangle \in S'$，すなわち $a\ R'\ b$ および $b\ S'\ c$. したがって $a\ R'\ b \wedge b\ S'\ c$. よって

$$\exists y \in Y\,(a\ R'\ y \wedge y\ S'\ c).$$

したがって $e = \langle a, c \rangle \in S' \circ R'$. ゆえに $S \circ R \subseteq S' \circ R'$. □

問 8.38. 補題 8.37 (1) を示せ.

補題 8.39. 関係 $R \subseteq X \times Y$ および $S \subseteq Y \times Z$ に対して

1. R および S が全域的ならば，$S \circ R$ は全域的，
2. R および S が一価ならば，$S \circ R$ は一価.

証明 (2) のみ示す．R および S を一価とし，$a \in X$ と $c, c' \in Z$ に対して，$a\ (S \circ R)\ c$ かつ $a\ (S \circ R)\ c'$ と仮定する．よって，$\exists y \in Y\,(a\ R\ y \wedge y\ S\ c)$ および $\exists y \in Y\,(a\ R\ y \wedge y\ S\ c')$．$a\ R\ b \wedge b\ S\ c$ および $a\ R\ b' \wedge b'\ S\ c'$ となる $b, b' \in Y$ をとる．R は一価なので，$a\ R\ b$ および $a\ R\ b'$ より $b = b'$．したがって，$b\ S\ c$ および $b\ S\ c'$．よって，S が一価より $c = c'$．したがって $(a\ (S \circ R)\ c \wedge a\ (S \circ R)\ c') \rightarrow c = c'$．$a \in X$ および $c, c' \in Z$ は任意なので

$$\forall x \in X \forall y \in Z \forall z \in Z\,[(x\ (S \circ R)\ y \wedge x\ (S \circ R)\ z) \rightarrow y = z].$$

ゆえに $S \circ R$ は一価. □

問 8.40. 補題 8.39 (1) を示せ.

定理 8.41. $R \subseteq X \times Y$ を関係とする.

1. R が全域的であるための必要十分条件は $\Delta_X \subseteq R^{-1} \circ R$，
2. R が一価であるための必要十分条件は $R \circ R^{-1} \subseteq \Delta_Y$.

証明 (1): R が全域的と仮定する．任意の $e \in \Delta_X$ に対して，$e = \langle a, a \rangle$ となる $a \in X$ が存在する．R が全域的より $\exists y \in Y\,(a\ R\ y)$．$a\ R\ b$ となる $b \in Y$ をとる．$b\ R^{-1}\ a$ より $a\ R\ b \wedge b\ R^{-1}\ a$．よって $\exists y \in Y\,(a\ R\ y \wedge y\ R^{-1}\ a)$．したがって $e = \langle a, a \rangle \in R^{-1} \circ R$．ゆえに $\Delta_X \subseteq R^{-1} \circ R$.

逆に $\Delta_X \subseteq R^{-1} \circ R$ と仮定する．任意の $a \in X$ に対して，$\langle a, a \rangle \in \Delta_X$ より $\langle a, a \rangle \in R^{-1} \circ R$．よって $\exists y \in Y\,(a\ R\ y \wedge y\ R^{-1}\ a)$．$a\ R\ b \wedge b\ R^{-1}\ a$ となる $b \in Y$ をとる．$a\ R\ b$ より $\exists y \in Y(a\ R\ y)$．$a \in X$ は任意なので

$$\forall x \in X \exists y \in Y(x\ R\ y).$$

ゆえに R は全域的.

(2): R は一価であると仮定する．任意の $e \in R \circ R^{-1}$ に対して，$e = \langle b, c \rangle$ か

つ $\exists x \in X\,(b\ R^{-1}\ x \wedge x\ R\ c)$ となる $b, c \in Y$ が存在する．$b\ R^{-1}\ a \wedge a\ R\ c$ となる $a \in X$ をとる．$b\ R^{-1}\ a$ より $a\ R\ b$. よって $a\ R\ b \wedge a\ R\ c$. R が一価より $b = c$. したがって $e = \langle b, c\rangle \in \Delta_Y$. ゆえに $R \circ R^{-1} \subseteq \Delta_Y$.

逆に $R \circ R^{-1} \subseteq \Delta_Y$ と仮定する．任意の $a \in X$ および $b, c \in Y$ に対して，$a\ R\ b \wedge a\ R\ c$ ならば $b\ R^{-1}\ a \wedge a\ R\ c$. よって $\exists x \in X\,(b\ R^{-1}\ x \wedge x\ R\ c)$. したがって $\langle b, c\rangle \in R \circ R^{-1}$. よって，$R \circ R^{-1} \subseteq \Delta_Y$ より $\langle b, c\rangle \in \Delta_Y$. したがって $b = c$. よって $a\ R\ b \wedge a\ R\ c \to b = c$. $a \in X$ および $b, c \in Y$ は任意なので

$$\forall x \in X \forall y \in Y \forall z \in Y\,(x\ R\ y \wedge x\ R\ z \to y = z).$$

ゆえに R は一価. □

系 8.42. $R \subseteq X \times Y$ を関係とする．

1. R が全域的であるための必要十分条件は，X のすべての部分集合 A に対して $A \subseteq (R^{-1} \circ R)(A)$,
2. R が一価であるための必要十分条件は，Y のすべての部分集合 C に対して $(R \circ R^{-1})(C) \subseteq C$.

証明　(2) のみ示す．R を一価とし，$C \subseteq Y$ とする．定理 8.41 (2) および補題 8.16 (2) より，$(R \circ R^{-1})(C) \subseteq \Delta_Y(C) = C$.

逆に，Y のすべての部分集合 C に対して $(R \circ R^{-1})(C) \subseteq C$ とする．任意の $e \in R \circ R^{-1}$ に対して，$e = \langle b, c\rangle$ かつ $b\,(R \circ R^{-1})\,c$ となる $b, c \in Y$ が存在する．よって $c \in (R \circ R^{-1})(\{b\}) \subseteq \{b\}$. したがって $b = c$. よって $e = \langle b, c\rangle \in \Delta_Y$. したがって $R \circ R^{-1} \subseteq \Delta_Y$. ゆえに，定理 8.41 (2) より R は一価. □

問 8.43. 系 8.42 (1) を示せ．

第 9 章
写像

集合 X から集合 Y への写像は，直感的には X の各要素に Y の要素を 1 つ対応させる規則により与えられる．集合論では X から Y への写像は X から Y への全域的かつ一価である関係として定義される．本章では，写像の性質の多くを関係の性質から導く．また，写像を用いて（集合などの）族の概念を導入する．

9.1　写像

X および Y を集合とする．関係 $f \subseteq X \times Y$ が全域的かつ一価，すなわち

$$\forall x \in X \exists ! y \in Y\ (x\ f\ y)$$

であるとき f を X から Y への**写像** (mapping) あるいは**関数** (function) といい，$f : X \to Y$ あるいは $X \xrightarrow{f} Y$ で表す．また，X の要素 a に対し $f(a) = f(\{a\}) = \{b\}$ となる Y の要素 b を，f の a における値といい $f(a)$ で表す．

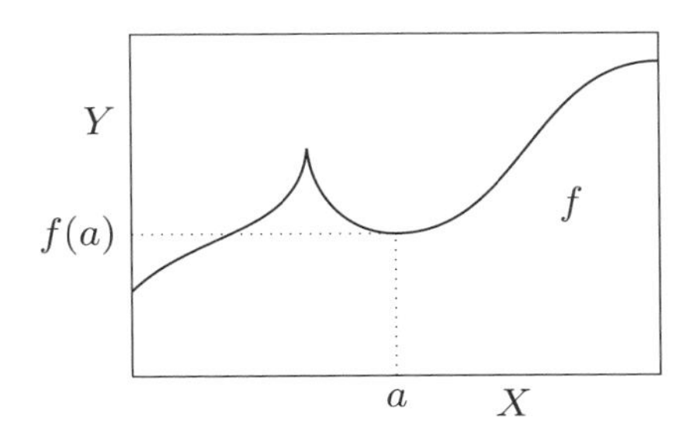

問 9.1. 例 8.1 の関係 R が写像であることを確かめよ．

例 9.2. $\mathbb{N}$ 上の**後者関数** (successor function) は対応規則

$$x \mapsto \mathrm{suc}(x) = x + 1$$

で与えられるが，写像としては次の $\mathbb{N} \times \mathbb{N}$ の部分集合 suc として与えられる．

$$\mathrm{suc} = \{\langle x, y\rangle \in \mathbb{N} \times \mathbb{N} \mid y = x + 1\}$$

逆に，写像 $f \subseteq X \times Y$ は対応規則

$$x \mapsto f(x)$$

を定める．このとき，$X \times Y$ の部分集合 f を対応規則 $x \mapsto f(x)$ の**グラフ** (graph) という．

写像 $f : X \to Y$ と $g : X' \to Y'$ は関係 $f \subseteq X \times Y$ と $g \subseteq X' \times Y'$ として等しいとき，すなわち

$$X = X' \text{ かつ } Y = Y' \text{ かつ } f = g$$

であるとき等しいといい $f = g$ と表す．

注 9.3. $f, g : X \to Y$ を写像とする．$f = g$ であるための必要十分条件はすべての $a \in X$ に対して $f(a) = g(a)$ となることである．実際，$f = g$ と仮定すれば，任意の $a \in X$ に対して $\langle a, f(a)\rangle \in f$．よって $\langle a, f(a)\rangle \in g$．したがって，$a\ g\ (f(a))$ かつ $a\ g\ (g(a))$．ゆえに，g が一価より $f(a) = g(a)$．逆に，すべての $a \in X$ に対して $f(a) = g(a)$ と仮定する．任意の $a \in X$ および $b \in Y$ に対して，$\langle a, b\rangle \in f$ ならば $b = f(a) = g(a)$．よって，$\langle a, g(a)\rangle \in g$ より $\langle a, b\rangle \in g$．したがって $f \subseteq g$．同様にして $g \subseteq f$．ゆえに，命題 6.10 (2) より $f = g$．

注 9.4. 関係 $\emptyset \subseteq \emptyset \times Y$ は $\emptyset$ から Y への唯1つの写像である（注 8.26 参照）．

例 9.5. X および Y を集合とし，b を Y の要素とする．X の各要素 a に対して

$$f(a) = b$$

で定められる写像 $f : X \to Y$ を値 b の**定値写像** (constant mapping) という．すなわち

$$f = X \times \{b\}.$$

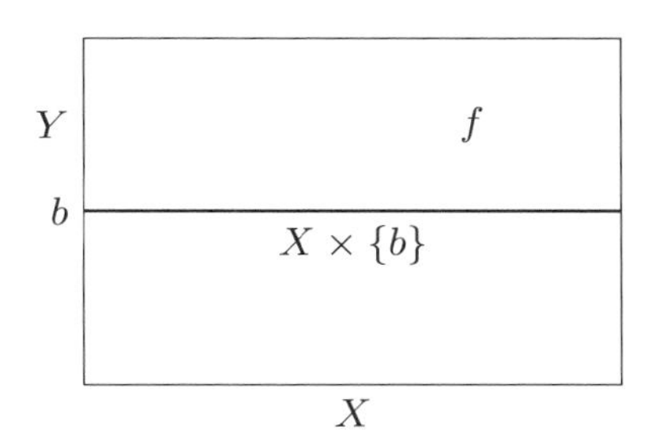

例 9.6. 直積集合 $X \times X$ の対角集合 Δ_X は写像であり，写像としての $\Delta_X : X \to X$ を**恒等写像** (identity mapping) といい，id_X または 1_X で表す．X の各要素 a に対して

$$\mathrm{id}_X(a) = a.$$

例 9.7. 写像 $f : X \to Y$ に対して，Y' を $\mathrm{ran}(f) = f(X) \subseteq Y'$ となる集合とする．このとき，$f \subseteq X \times f(X)$（注 8.15 参照）および $X \times f(X) \subseteq X \times Y'$（補題 7.33 参照）より $f \subseteq X \times Y'$ であり，f は写像 $f : X \to Y'$ を与える．

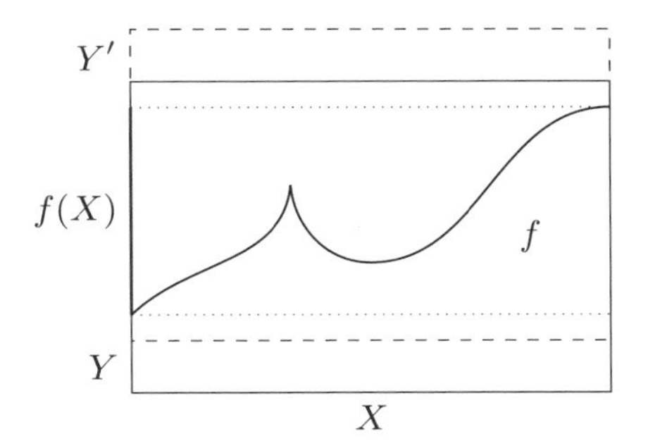

補題 9.8. 各述語 φ に対して $\{\emptyset\}$ の部分集合 $[\![\varphi]\!]$，すなわち $[\![\varphi]\!] \in \mathrm{Pow}(\{\emptyset\})$ を次のように定義する（φ は変数を含むが u は含まない）．

$$[\![\varphi]\!] = \{u \in \{\emptyset\} \mid \varphi\}$$

このとき

1. φ であるための必要十分条件は $\emptyset \in [\![\varphi]\!]$，

2. $\neg\varphi$ であるための必要十分条件は $\emptyset \notin [\![\varphi]\!]$.

また RAA を用いれば，$[\![\varphi]\!] = \{\emptyset\}$ または $[\![\varphi]\!] = \emptyset$ である．

証明　(1): φ と仮定する．$\emptyset \in \{\emptyset\}$ かつ φ．よって $\emptyset \in \{u \in \{\emptyset\} \mid \varphi\} = [\![\varphi]\!]$．逆に $\emptyset \in [\![\varphi]\!] = \{u \in \{\emptyset\} \mid \varphi\}$ ならば，$\emptyset \in \{\emptyset\}$ かつ φ．よって φ．

(2): $\neg\varphi$ と仮定する．$\emptyset \in [\![\varphi]\!] = \{u \in \{\emptyset\} \mid \varphi\}$ ならば，$\emptyset \in \{\emptyset\}$ かつ φ．よって φ．これは矛盾．したがって $\emptyset \notin [\![\varphi]\!]$．逆に $\emptyset \notin [\![\varphi]\!]$ と仮定する．φ ならば，(1) より $\emptyset \in [\![\varphi]\!]$．これは矛盾．よって $\neg\varphi$.

RAA を用いれば，補題 7.44 (2) より $\mathrm{Pow}(\{\emptyset\}) = \{\emptyset, \{\emptyset\}\}$．よって $[\![\varphi]\!] = \{\emptyset\}$ または $[\![\varphi]\!] = \emptyset$.　□

注 9.9. 補題 7.43 (3) および (4) より，φ であるための必要十分条件は $[\![\varphi]\!] = \{\emptyset\}$ であり，$\neg\varphi$ であるための必要十分条件は $[\![\varphi]\!] = \emptyset$ である．

注 9.10. $\mathrm{Pow}(\{\emptyset\})$ を**真理値**の集合と見ることもできる．このとき，述語 φ の真理値は $[\![\varphi]\!] \in \mathrm{Pow}(\{\emptyset\})$ である（注 4.26 参照）．また，RAA を用いれば真理値は $1 = \{\emptyset\}$（真）または $0 = \emptyset$（偽）である（記法 6.50 参照）.

例 9.11. A を集合 X の部分集合とする．X の各要素 a に対して

$$\chi_A(a) = [\![a \in A]\!]$$

で定められる写像 $\chi_A : X \to \mathrm{Pow}(\{\emptyset\})$ を A の**特徴関数** (characteristic function) という．すなわち

$$\chi_A = \{\langle x, v\rangle \in X \times \mathrm{Pow}(\{\emptyset\}) \mid v = [\![x \in A]\!]\}.$$

RAA を用いれば $\mathrm{Pow}(\{\emptyset\}) = \mathrm{Pow}(1) = \{0, 1\}$ であり（注 7.45），

$$\chi_A(a) = \begin{cases} 1 & a \in A \text{ のとき}, \\ 0 & a \notin A \text{ のとき}. \end{cases}$$

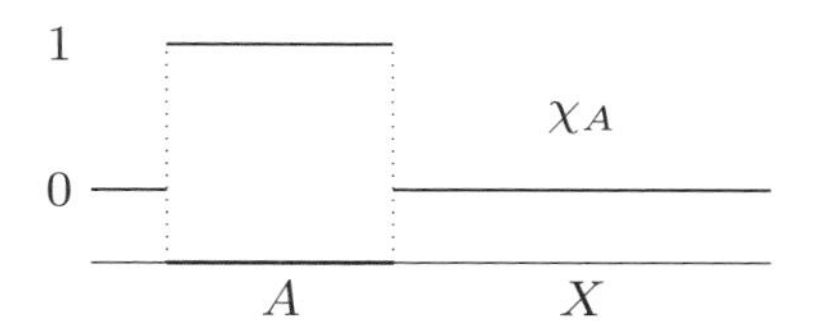

命題 9.12. 写像 $f : X \to Y$，集合 X の部分集合 A および B に対して

1. $f(A \cup B) = f(A) \cup f(B)$,
2. $f(A \cap B) \subseteq f(A) \cap f(B)$,
3. $f(A) \setminus f(B) \subseteq f(A \setminus B)$,
4. $A \subseteq (f^{-1} \circ f)(A)$.

証明 命題 8.17 および系 8.42 よりただちに導ける. □

問 9.13. 写像 $f : X \to Y$，X の部分集合 A および B に対して

$$f(A) \cap f(B) \subseteq f(A \cap B)$$

は一般には成り立たない．反例を挙げよ.

問 9.14. 写像 $f : X \to Y$，X の部分集合 A および B に対して

$$f(A \setminus B) \subseteq f(A) \setminus f(B)$$

は一般には成り立たない．反例を挙げよ.

命題 9.15. 写像 $f : X \to Y$，Y の部分集合 C および D に対して

1. $f^{-1}(C \cup D) = f^{-1}(C) \cup f^{-1}(D)$,
2. $f^{-1}(C \cap D) = f^{-1}(C) \cap f^{-1}(D)$,
3. $f^{-1}(C \setminus D) = f^{-1}(C) \setminus f^{-1}(D)$,
4. $(f \circ f^{-1})(C) \subseteq C$.

証明 命題 8.17，命題 8.28 および系 8.42 よりただちに導ける. □

写像 $f : X \to Y$ および $g : Y \to Z$ に対して，補題 8.39 より合成 $g \circ f$ は写像

$g \circ f : X \to Z$ となる．このとき，すべての $a \in X$ に対して

$$(g \circ f)(a) = g(f(a)).$$

命題 9.16. 写像 $f : X \to Y$，$g : Y \to Z$ および $h : Z \to W$ に対して

1. $h \circ (g \circ f) = (h \circ g) \circ f$,
2. $f \circ \mathrm{id}_X = \mathrm{id}_Y \circ f = f$.

証明　命題 8.33 よりただちに導ける． □

$f : X \to Y$ を写像とする．任意の $b \in Y$ に対してある $a \in X$ が存在して $b = f(a)$，すなわち

$$\forall y \in Y \exists x \in X \, (y = f(x))$$

であるとき f を X から Y への**上への写像** (onto mapping) または**全射** (surjection) という．また，任意の $a, a' \in X$ に対して $f(a) = f(a')$ ならば $a = a'$，すなわち

$$\forall x \in X \forall x' \in X (f(x) = f(x') \to x = x')$$

であるとき f を **1 対 1 写像** (one-to-one mapping) または**単射** (injection) という．

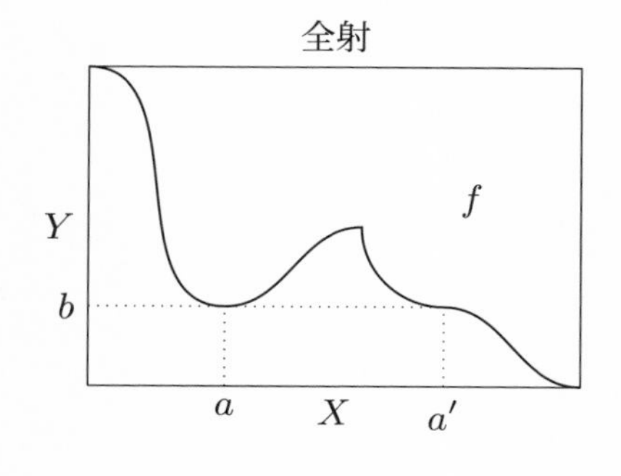

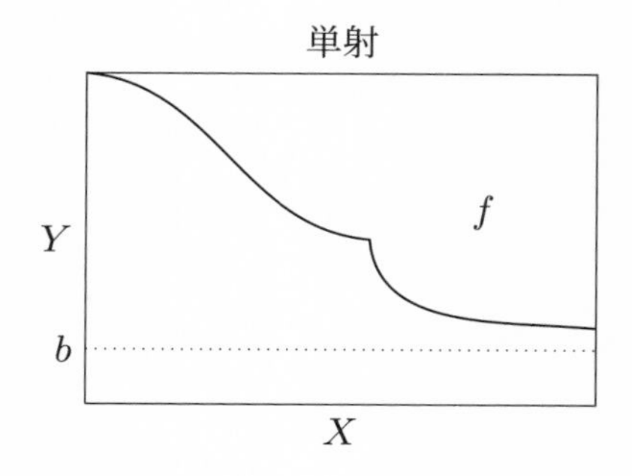

注 9.17. 前ページ左図の写像 f は，異なる $a, a' \in X$ に対して $b = f(a) = f(a') \in Y$ であり，単射ではない．前ページ右図の写像 f は，$b \in Y$ に対して $b = f(a)$ となる $a \in X$ が存在せず，全射ではない．

例 9.18. 次の写像 $f : X \to Y$ は全射である．$1, 2 \in X$ に対して $1 = f(1) = f(2) \in Y$ であり，単射ではない．

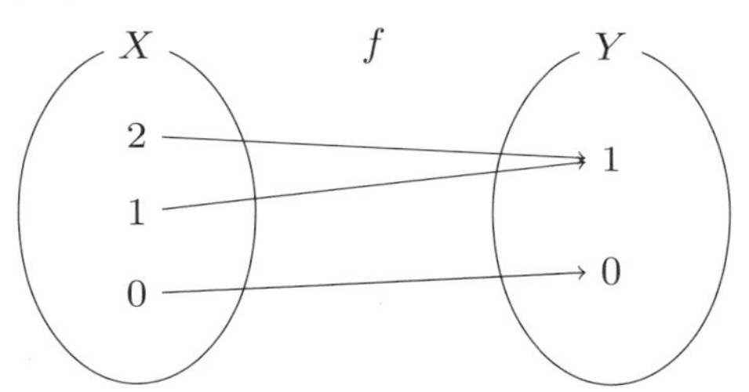

例 9.19. 次の写像 $f : X \to Y$ は単射である．$1 \in Y$ に対して $1 = f(a)$ となる $a \in X$ が存在せず，全射ではない．

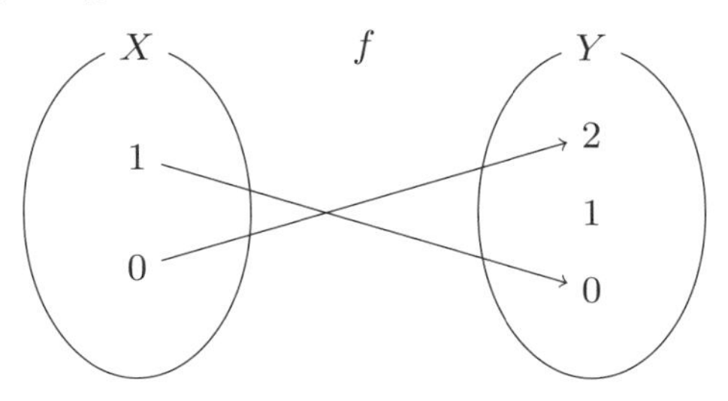

問 9.20. 例 8.1 の関係 R は写像であるが，全射でも単射でもないことを確かめよ．

例 9.21. 写像 $f : X \to Y$ に対して，写像 $f^\dagger = f : X \to f(X)$ は全射である（例 9.7 参照）．実際 $f(X)$ の定義より，任意の $b \in f(X)$ に対して $b = f(a) = f^\dagger(a)$ となる $a \in X$ が存在する．

例 9.22. 直積集合 $X \times Y$ において，$X \times Y$ の各要素 $\langle a, b \rangle$ に対して

$$\pi_0(\langle a, b \rangle) = a$$

で定められる写像 $\pi_0 : X \times Y \to X$，すなわち

$$\pi_0 = \{z \in (X \times Y) \times X \mid \exists x \in X \exists y \in Y\, (z = \langle\langle x, y\rangle, x\rangle)\}$$

を $X \times Y$ から X への**射影** (projection) という．$X \times Y$ から Y への射影 π_1 : $X \times Y \to Y$ も同様に定義される．

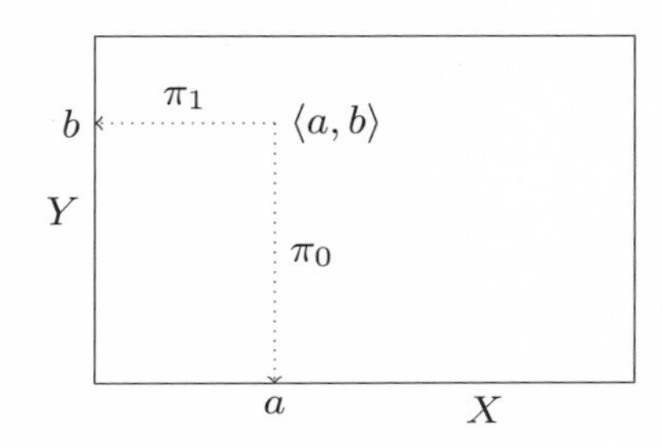

射影 $\pi_0 : X \times Y \to X$ は X が要素を持つならば Y も要素を持つとき全射である．同様に，射影 $\pi_1 : X \times Y \to Y$ は Y が要素を持つならば X も要素を持つとき全射である．実際，$a \in X$ に対して，X は要素 a を持つので Y は要素 b を持つ．$\langle a, b\rangle \in X \times Y$ であり $a = \pi_0(\langle a, b\rangle)$．よって $\exists z \in X \times Y\, (a = \pi_0(z))$．$a \in X$ は任意なので

$$\forall x \in X \exists z \in X \times Y\, (x = \pi_0(z)).$$

よって π_0 は全射．$\pi_1 : X \times Y \to Y$ も同様．

例 9.23. 集合 X の部分集合 A において，A の各要素 a に対して

$$i_A(a) = a$$

で定められる写像 $i_A : A \to X$，すなわち

$$i_A = \{z \in A \times X \mid \exists x \in A\, (z = \langle x, x\rangle)\}$$

は単射であり，**包含写像** (inclusion mapping) と呼ばれる．

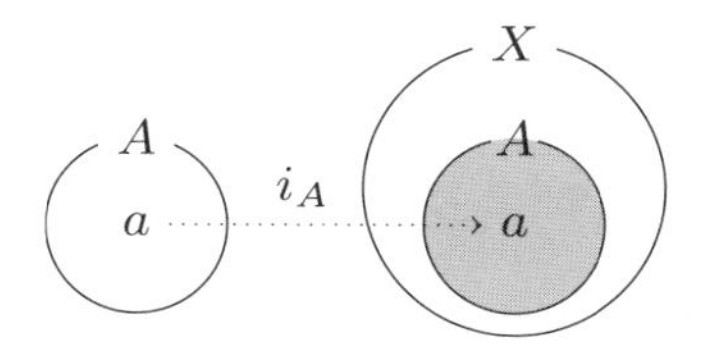

問 9.24. 集合 X の部分集合 A に対する包含写像 $i_A : A \to X$ が単射であることを確かめよ．

例 9.25. 集合 X および Y に対して，集合

$$X + Y = (\{0\} \times X) \cup (\{1\} \times Y)$$

を X と Y の**直和**（disjoint sum あるいは coproduct）という．X の各要素 a に対して

$$\iota_0(a) = \langle 0, a \rangle$$

で定められる写像 $\iota_0 : X \to X + Y$，すなわち

$$\iota_0 = \{z \in X \times (X + Y) \mid \exists x \in X\,(z = \langle x, \langle 0, x \rangle\rangle)\}$$

を X から $X + Y$ への**標準的単射** (canonical injection) と呼ぶ．Y から $X + Y$ への標準的単射 $\iota_1 : Y \to X + Y$ も同様に定義される．

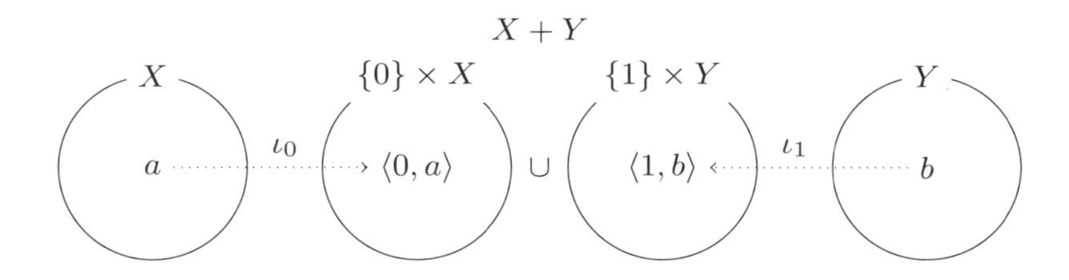

標準的単射 $\iota_0 : X \to X + Y$ および $\iota_1 : Y \to X + Y$ は単射である．実際，任意の $a, a' \in X$ に対して，$\iota_0(a) = \iota_0(a')$ ならば $\langle 0, a \rangle = \langle 0, a' \rangle$．よって，命題 6.28 より $a = a'$．したがって

$$\forall x \in X \forall x' \in X(\iota_0(x) = \iota_0(x') \to x = x').$$

ゆえに ι_0 は単射．$\iota_1 : Y \to X + Y$ も同様．

補題 9.26. 写像 $f : X \to Y$ に対して

1. f が全射であるための必要十分条件は関係 $f^{-1} \subseteq Y \times X$ が全域的，
2. f が単射であるための必要十分条件は関係 $f^{-1} \subseteq Y \times X$ が一価．

証明　(1) のみ示す．f は全射と仮定する．任意の $b \in Y$ に対して，ある $a \in X$ が存在して $b = f(a)$．よって $a\ f\ b$，すなわち $b\ f^{-1}\ a$．したがって f^{-1} は全域的．逆に f^{-1} は全域的と仮定する．任意の $b \in Y$ に対して，ある $a \in X$ が存在して $b\ f^{-1}\ a$．よって $a\ f\ b$，すなわち $b = f(a)$．したがって f は全射．□

問 9.27. 補題 9.26 (2) を示せ．

注 9.28. 注 8.6 および注 8.26 より，写像 $\emptyset : \emptyset \to Y$ は単射であり，写像 $\emptyset : \emptyset \to \emptyset$ は全射かつ単射である．

系 9.29. 写像 $f : X \to Y$ に対して

1. f が全射であるための必要十分条件は $f \circ f^{-1} = \Delta_Y$，
2. f が単射であるための必要十分条件は $f^{-1} \circ f = \Delta_X$．

証明　(1): $f : X \to Y$ が写像なので，定理 8.41 より $\Delta_X \subseteq f^{-1} \circ f$ かつ $f \circ f^{-1} \subseteq \Delta_Y$．よって，$f$ が全射ならば，補題 9.26 より $f^{-1} \subseteq Y \times X$ は全域的．したがって，定理 8.41 および命題 8.35 (1) より $\Delta_Y \subseteq (f^{-1})^{-1} \circ f^{-1} = f \circ f^{-1}$．ゆえに，命題 6.10 (2) より $f \circ f^{-1} = \Delta_Y$．逆に，$f \circ f^{-1} = \Delta_Y$ ならば $\Delta_Y \subseteq (f^{-1})^{-1} \circ f^{-1}$．よって，定理 8.41 より $f^{-1} \subseteq Y \times X$ は全域的．したがって，補題 9.26 より f は全射．

(2): (1) と同様．□

命題 9.30. 写像 $f : X \to Y$ および $g : Y \to X$ に対して，$g \circ f = \mathrm{id}_X$ ならば f は単射であり g は全射である．

証明 $g \circ f = \mathrm{id}_X$ と仮定する．任意の $a, a' \in X$ に対して，$f(a) = f(a')$ ならば

$$a = \mathrm{id}_X(a) = (g \circ f)(a) = g(f(a)) = g(f(a')) = (g \circ f)(a') = \mathrm{id}_X(a') = a'.$$

よって f は単射．任意の $a \in X$ に対して，$a = \mathrm{id}_X(a) = (g \circ f)(a) = g(f(a))$．よって，$a = g(b)$ となる $b = f(a) \in Y$ が存在する．したがって g は全射． □

命題 9.31. 単射 $f : X \to Y$，集合 X の部分集合 A および B に対して

1. $f(A \cap B) = f(A) \cap f(B)$,
2. $f(A) \setminus f(B) = f(A \setminus B)$.

証明 補題 9.26，命題 8.35 (1) および命題 8.28 よりただちに導ける． □

定理 9.32. 写像 $f : X \to Y$ が全射であるための必要十分条件は，任意の写像 $g, h : Y \to Z$ に対して $g \circ f = h \circ f$ ならば $g = h$ である．

証明 $f : X \to Y$ を全射とし，写像 $g : Y \to Z$ および $h : Y \to Z$ に対して $g \circ f = h \circ f$ と仮定する．任意の $b \in Y$ に対して f が全射なので，ある $a \in X$ が存在して $b = f(a)$．よって

$$g(b) = g(f(a)) = (g \circ f)(a) = (h \circ f)(a) = h(f(a)) = h(b).$$

したがって $g = h$.

逆に $f : X \to Y$ を写像とし，任意の写像 $g : Y \to Z$ および $h : Y \to Z$ に対して $g \circ f = h \circ f$ ならば $g = h$ であると仮定する．$Z = \mathrm{Pow}(\{\emptyset\})$ と置き，写像 $g : Y \to Z$ および $h : Y \to Z$ を各 $b \in Y$ に対して

$$g(b) = \{\emptyset\}, \qquad h(b) = [\![\exists x \in X\,(b = f(x))]\!]$$

で定める．任意の $a \in X$ に対して $b = f(a)$ と置けば，$\exists x \in X\,(b = f(x))$．よって，注 9.9 より $h(b) = \{\emptyset\}$．したがって

$$(g \circ f)(a) = g(f(a)) = g(b) = \{\emptyset\} = h(b) = h(f(a)) = (h \circ f)(a).$$

よって $g \circ f = h \circ f$．したがって $g = h$．任意の $b \in Y$ に対して

$$\emptyset \in \{\emptyset\} = g(b) = h(b) = [\![\exists x \in X\,(b = f(x))]\!].$$

よって，補題 9.8 (1) より $\exists x \in X\,(b = f(x))$．$b$ は任意なので f は全射．　□

定理 9.33. 写像 $f : X \to Y$ が単射であるための必要十分条件は，任意の写像 $g, h : Z \to X$ に対して $f \circ g = f \circ h$ ならば $g = h$ である．

証明　$f : X \to Y$ を単射とし，写像 $g : Z \to X$ および $h : Z \to X$ に対して $f \circ g = f \circ h$ と仮定する．任意の $c \in Z$ に対して

$$f(g(c)) = (f \circ g)(c) = (f \circ h)(c) = f(h(c)).$$

f が単射なので $g(c) = h(c)$．したがって $g = h$．

逆に $f : X \to Y$ を写像とし，任意の写像 $g : Z \to X$ および $h : Z \to X$ に対して $f \circ g = f \circ h$ ならば $g = h$ であると仮定する．さらに $a, a' \in X$ に対して，$f(a) = f(a')$ と仮定する．$Z = \{\emptyset\}$ と置き，写像 $g : Z \to X$ および $h : Z \to X$ を $g(\emptyset) = a$ および $h(\emptyset) = a'$ で定める．

$$(f \circ g)(\emptyset) = f(g(\emptyset)) = f(a) = f(a') = f(h(\emptyset)) = (f \circ h)(\emptyset)$$

より，$f \circ g = f \circ h$．よって $g = h$．したがって $a = g(\emptyset) = h(\emptyset) = a'$．$a, a' \in X$ は任意なので f は単射．　□

定理 9.34. 集合 X から $\mathrm{Pow}(X)$ への全射は存在しない．

証明　全射 $f : X \to \mathrm{Pow}(X)$ が存在すると仮定する．X の部分集合 A を次のように定義する．

$$A = \{x \in X \mid x \notin f(x)\}$$

$A \in \mathrm{Pow}(X)$ なので，f が全射より $A = f(a)$ となる $a \in X$ が存在する．$a \in A$ ならば $a \notin f(a) = A$．これは矛盾．よって $a \notin A = f(a)$．したがって $a \in A$．これは矛盾．ゆえに，全射 $f : X \to \mathrm{Pow}(X)$ は存在しない．　□

写像 $f : X \to Y$ が単射かつ全射であるとき，f を**全単射** (bijection) という．

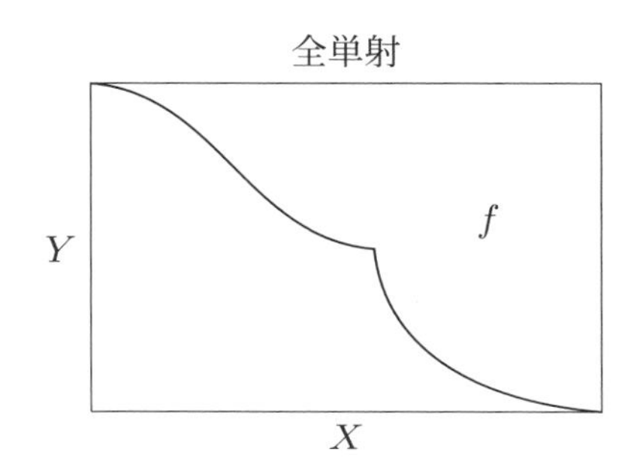

例 9.35. 次の集合 X から Y への写像 f は全単射である．

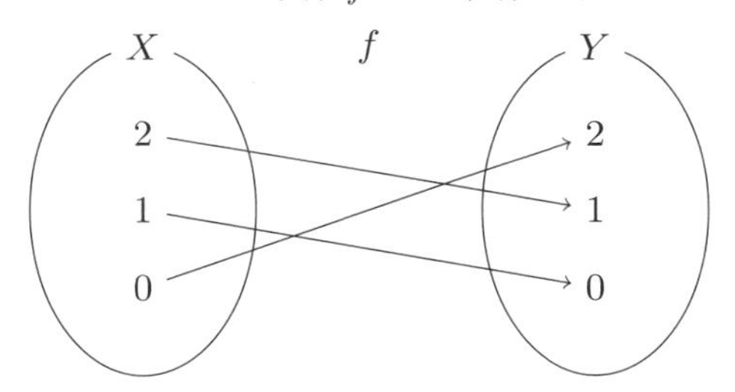

写像 $f : X \to Y$ が全単射であるとき，補題 9.26 より関係 $f^{-1} \subseteq Y \times X$ は全域的かつ一価であり，写像 $f^{-1} : Y \to X$ を定める．f^{-1} を f の**逆写像** (inverse mapping) という．

注 9.36. 写像 $f : X \to Y$ が全単射であるとき，逆写像 $f^{-1} : Y \to X$ も全単射である．実際，命題 8.35 より $(f^{-1})^{-1} = f : X \to Y$ であり，関係 $(f^{-1})^{-1} \subseteq X \times Y$ は全域的かつ一価．よって，補題 9.26 より $f^{-1} : Y \to X$ は全単射．

補題 9.37. 写像 $f : X \to Y$ が全単射であるとき，$f^{-1} \circ f = \mathrm{id}_X$ および $f \circ f^{-1} = \mathrm{id}_Y$ である．

証明　系 9.29 よりただちに導ける．□

系 9.38. 写像 $f : X \to Y$ および $g : Y \to X$ に対して，$g \circ f = \mathrm{id}_X$ かつ $f \circ g = \mathrm{id}_Y$ ならば $g = f^{-1}$ である．

証明　$g \circ f = \mathrm{id}_X$ かつ $f \circ g = \mathrm{id}_Y$ と仮定する．命題 9.30 より，f は全単射．よって，逆写像 f^{-1} が存在する．また

$$g = \mathrm{id}_X \circ g = (f^{-1} \circ f) \circ g = f^{-1} \circ (f \circ g) = f^{-1} \circ \mathrm{id}_Y = f^{-1}. \qquad \square$$

注 9.39. 写像 $f : X \to Y$ に対して，f が単射ならば写像 $f^{\dagger} : X \to f(X)$ は全単射（例 9.21 参照）．実際 $f : X \to Y$ が単射なので，任意の $a, a' \in X$ に対して，$f(a) = f^{\dagger}(a) = f^{\dagger}(a') = f(a')$ ならば $a = a'$．このとき，$f^{\dagger^{-1}} \circ f = f^{\dagger^{-1}} \circ f^{\dagger} = \mathrm{id}_X$ かつ $f \circ (f^{\dagger})^{-1} = f^{\dagger} \circ (f^{\dagger})^{-1} = \mathrm{id}_{f(X)}$.

集合 X と Y の間に全単射 $f : X \to Y$ が存在するとき，f を X と Y の間の**1対1対応** (one-to-one correspondence) と呼び，$X \simeq Y$ と表す．

命題 9.40. 集合 X，Y および Z に対して

1. $X \simeq X$,
2. $X \simeq Y$ ならば $Y \simeq X$,
3. $X \simeq Y$ かつ $Y \simeq Z$ ならば，$X \simeq Z$.

証明　(1): 恒等写像 $\mathrm{id}_X : X \to X$ は全単射であり，$X \simeq X$.

(2): $X \simeq Y$ ならば，全単射 $f : X \to Y$ が存在する．$f^{-1} : Y \to X$ は全単射であり，$Y \simeq X$.

(3): $X \simeq Y$ かつ $Y \simeq Z$ ならば，全単射 $f : X \to Y$ および $g : Y \to Z$ が存在する．補題 9.26 より，関係 $f^{-1} \subseteq Y \times X$ および $g^{-1} \subseteq Z \times Y$ は全域的かつ一価．よって，命題 8.35 より $(g \circ f)^{-1} = f^{-1} \circ g^{-1}$ であり，補題 8.39 より関係 $(g \circ f)^{-1} \subseteq Z \times X$ は全域的かつ一価．したがって，補題 9.26 より $g \circ f : X \to Z$ は全単射．ゆえに $X \simeq Z$. $\square$

補題 9.41. 集合 X に対して，$X \simeq \{\emptyset\} \times X = 1 \times X$ である（記法 6.50 参照）.

証明　写像 $f : X \to \{\emptyset\} \times X$ を各 $a \in X$ に対して

$$f(a) = \langle \emptyset, a \rangle$$

で定める．任意の $\langle\emptyset, a\rangle \in \{\emptyset\} \times X$ に対して $\langle\emptyset, a\rangle = f(a)$ であり，f は全射．また，任意の $a, a' \in X$ に対して，$f(a) = f(a')$ ならば $\langle\emptyset, a\rangle = \langle\emptyset, a'\rangle$．よって，命題 6.28 より $a = a'$．したがって f は単射．ゆえに，X と $\{\emptyset\} \times X$ の間に全単射が存在するので，$X \simeq \{\emptyset\} \times X$． □

問 9.42. 集合 X に対して，$X \simeq \emptyset + X = 0 + X$ を示せ．

記法 9.43. 補題 9.41 を用いて記法 7.37 を次のように $n \geq 0$ の場合に拡張しておく．n 個 $(n \geq 0)$ の集合 $A_1, \ldots, A_n$ に対して

- $n = 0$ のとき，$A_1 \times \cdots \times A_n = \{\emptyset\}$．
- $n = k + 1$ $(k \geq 0)$ のとき，$A_1 \times \cdots \times A_n = (A_1 \times \cdots \times A_k) \times A_{k+1}$．

同様に記法 7.38 を，次のように $n \geq 0$ の場合に拡張する．

- $n = 0$ のとき，$A^n = A^0 = \{\emptyset\}$．
- $n = k + 1$ $(k \geq 0)$ のとき，$A^n = A^{k+1} = A^k \times A$．

集合 X から Y への写像の全体からなる集合を Y^X と表す．すなわち

$$Y^X = \{f \in \mathrm{Pow}(X \times Y) \mid \forall x \in X \exists! y \in Y \, (x \; f \; y)\}$$

命題 9.44. 集合 X および Y に対して，写像の集合 P を次のように定義する．

$$P = \{f \in (X \cup Y)^{\{0,1\}} \mid f(0) \in X \wedge f(1) \in Y\}$$

このとき，$P \simeq X \times Y$ である．

証明　写像 $h : P \to X \times Y$ を，各 $f \in P$ に対して

$$h(f) = \langle f(0), f(1)\rangle$$

で定める．各 $\langle a, b\rangle \in X \times Y$ に対して，写像 $f \in P$ を

$$f(0) = a, \qquad\qquad f(1) = b$$

と定義すれば，$h(f) = \langle a, b \rangle$．よって h は全射．任意の $f, f' \in P$ に対して，$h(f) = h(f')$ ならば $\langle f(0), f(1) \rangle = \langle f'(0), f'(1) \rangle$．よって，命題 6.28 より $f(0) = f'(0)$ かつ $f(1) = f'(1)$．よって $f = f'$．したがって h は単射．ゆえに，P と $X \times Y$ の間に全単射が存在するので，$P \simeq X \times Y$．　□

注 9.45. 一般に，n 個 $(n \geq 0)$ の集合 $A_1, \ldots, A_n$ に対して次が成り立つ．

$$\{f \in (\textstyle\bigcup_{i=1}^{n} A_i)^{\{0,\ldots,n-1\}} \mid f(0) \in A_1 \wedge \cdots \wedge f(n-1) \in A_n\} \simeq \prod_{i=1}^{n} A_i$$

命題 9.46. 集合 X に対して，$\mathrm{Pow}(X) \simeq \mathrm{Pow}(\{\emptyset\})^X = \mathrm{Pow}(1)^X$ である（記法 6.50 参照）．

証明　写像 $h : \mathrm{Pow}(X) \to \mathrm{Pow}(\{\emptyset\})^X$ を，各 $A \in \mathrm{Pow}(X)$ に対して

$$h(A) = \chi_A$$

で定める（例 9.11 参照）．$A, B \in \mathrm{Pow}(X)$ に対して，$\chi_A = h(A) = h(B) = \chi_B$ と仮定する．$a \in A$ に対して，補題 9.8 (1) より $\emptyset \in [\![a \in A]\!] = \chi_A(a)$．よって，$\chi_A = \chi_B$ より $\emptyset \in \chi_B(a) = [\![a \in B]\!]$．したがって，補題 9.8 (1) より $a \in B$．また $a \in B$ に対して，同様にして $a \in A$．よって $a \in A \leftrightarrow a \in B$．$a$ は任意なので $\forall x(x \in A \leftrightarrow x \in B)$．したがって，補題 6.4 より $A = B$．よって h は単射．$\chi \in \mathrm{Pow}(\{\emptyset\})^X$ に対して，$A \in \mathrm{Pow}(X)$ を

$$A = \{x \in X \mid \emptyset \in \chi(x)\}$$

と定義する．$a \in X$ に対して，$\emptyset \in \chi(a)$ ならば $a \in A$．よって，補題 9.8 (1) より $\emptyset \in [\![a \in A]\!] = \chi_A(a)$．逆に $\emptyset \in \chi_A(a) = [\![a \in A]\!]$ ならば，補題 9.8 (1) より $a \in A$．よって $\emptyset \in \chi(a)$．したがって $\emptyset \in \chi(a) \leftrightarrow \emptyset \in \chi_A(a)$．よって，補題 7.43 (2) より $\chi(a) = \chi_A(a)$．$a \in X$ は任意なので $\chi = \chi_A = h(A)$．よって h は全射．ゆえに，$\mathrm{Pow}(X)$ と $\mathrm{Pow}(\{\emptyset\})^X$ の間に全単射が存在するので，$\mathrm{Pow}(X) \simeq \mathrm{Pow}(\{\emptyset\})^X$．　□

注 9.47. 命題 9.46 は，RAA を用いると，補題 7.44 (2) より

$$\mathrm{Pow}(X) \simeq \mathrm{Pow}(\{\emptyset\})^X = \{\emptyset, \{\emptyset\}\}^X = \{0,1\}^X = 2^X.$$

9.2 族

集合 I から集合 Z への写像 $f : I \to Z$ があるとき f を，I を**添数集合** (index set) とする Z の要素の**族** (family) という．$i \in I$ に対して $f(i) = a_i$ であるとき，この族を $\{a_i\}_{i \in I}$ または $\{a_i \mid i \in I\}$ と表す．特に $I = \mathbb{N}$ であるとき，**列** (sequence) という．

例 9.48. いかなる集合 Z も添数集合としてそれ自身，f として恒等写像をとれば族になる．すなわち $Z = \{z \mid z \in Z\}$ である．

例 9.49. $A_1 = \{0,1\}$，$A_2 = \{0,2\}$ および $A_3 = \{0,1,3\}$ であるとき，$\{A_i \mid i \in \{1,2,3\}\} = \{A_1, A_2, A_3\} = \{\{0,1\},\{0,2\},\{0,1,3\}\}$ は族である．

集合 Z が写像の集合および集合の集合であるとき，それぞれ**写像の族** (family of mappings) および**集合の族** (family of sets) という．また，集合 X に対して $Z \subseteq \mathrm{Pow}(X)$ であるとき，X の**部分集合族** (family of subsets) という．

例 9.50. 例 9.49 で挙げた族は集合の族であり，集合 $\{0,1,2,3\}$ の部分集合族である．

例 9.51. $R \subseteq X \times Y$ を関係とする．集合 X の各要素 a に対して $f(a) = R(a)$ で定められる写像 $f : X \to \mathrm{Pow}(Y)$ は次の X を添数集合とする Y の部分集合族を与える．

$$\{R(x) \mid x \in X\}$$

逆に，集合 X を添数集合とする Y の部分集合族 $\{A_x \mid x \in X\}$ は次の X から Y への関係を与える．

$$
\begin{aligned}
R &= \{z \in X \times Y \mid \exists x \in X \exists y \in Y \, (z = \langle x, y \rangle \land y \in A_x)\} \\
&= \{\langle x, y \rangle \in X \times Y \mid y \in A_x\}
\end{aligned}
$$

例 9.52. $R \subseteq X \times X$ を関係とする．

$$\{S \in \mathrm{Pow}(X \times X) \mid R \subseteq S \land \Delta_X \subseteq S \land S \circ S \subseteq S\}$$

は R と Δ_X を含み $S \circ S \subseteq S$ を満たす関係 $S \subseteq X \times X$ よりなる（$X \times X$ の部分集合）族である．

集合の族 $\{A_i \mid i \in I\}$ に対して，いずれかの A_i に属する要素からなる合併集合を記号 $\bigcup_{i \in I} A_i$ あるいは $\bigcup\{A_i \mid i \in I\}$ で表す．

$$
\begin{aligned}
\bigcup_{i \in I} A_i = \bigcup\{A_i \mid i \in I\} &= \{x \mid \exists i \in I \, (x \in A_i)\} \\
&= \{x \mid \exists w \in \{A_i \mid i \in I\} \, (x \in w)\}
\end{aligned}
$$

また，添数集合 I が要素 i_0 を持つとき，すべての A_i に属する要素からなる共通部分を記号 $\bigcap_{i \in I} A_i$ あるいは $\bigcap\{A_i \mid i \in I\}$ で表す．

$$
\begin{aligned}
\bigcap_{i \in I} A_i = \bigcap\{A_i \mid i \in I\} &= \{x \mid \forall i \in I \, (x \in A_i)\} \\
&= \{x \in A_{i_0} \mid \forall i \in I \, (x \in A_i)\}
\end{aligned}
$$

注 9.53. $\bigcup_{i \in I} A_i$ は和集合の公理より，$\bigcap_{i \in I} A_i$ は分出公理より集合である．$I = \emptyset$ のとき，$\bigcap_{i \in I} A_i = \{x \mid \forall i \in \emptyset \, (x \in A_i)\} = \{x \mid \top\}$ は集合ではない（命題 6.35 および注 7.21 参照）．

例 9.54. $A_1 = \{0, 1\}$，$A_2 = \{0, 2\}$ および $A_3 = \{0, 1, 3\}$ であるとき，

$$
\begin{aligned}
\bigcup_{i \in \{1,2,3\}} A_i &= \bigcup\{A_i \mid i \in \{1, 2, 3\}\} = \bigcup\{\{0, 1\}, \{0, 2\}, \{0, 1, 3\}\} \\
&= \{0, 1, 2, 3\},
\end{aligned}
$$

$$\bigcap_{i\in\{1,2,3\}} A_i = \bigcap\{A_i \mid i \in \{1,2,3\}\} = \bigcap\{\{0,1\},\{0,2\},\{0,1,3\}\}$$
$$= \{0\}.$$

補題 9.55. $\{A_i \mid i \in I\}$ を集合の族，B を集合とする．

1. すべての $j \in I$ に対して $A_j \subseteq \bigcup_{i\in I} A_i$,
2. すべての $j \in I$ に対して $A_j \subseteq B$ ならば，$\bigcup_{i\in I} A_i \subseteq B$.

証明　(1): 任意の $j \in I$ に対して，$a \in A_j$ ならば $j \in I \wedge a \in A_j$．よって $\exists i \in I(a \in A_i)$．したがって $a \in \bigcup_{i\in I} A_i$．$a$ は任意なので $A_j \subseteq \bigcup_{i\in I} A_i$.

(2): すべての $j \in I$ に対して $A_j \subseteq B$ と仮定する．任意の $a \in \bigcup_{i\in I} A_i$ に対して，$\exists i \in I(a \in A_i)$．よって $a \in A_j$ となる $j \in I$ が存在する．$A_j \subseteq B$ より $a \in B$．したがって $\bigcup_{i\in I} A_i \subseteq B$. □

補題 9.56. $\{A_i \mid i \in I\}$ を集合の族（ただし I は要素を持つ），B を集合とする．

1. すべての $j \in I$ に対して $\bigcap_{i\in I} A_i \subseteq A_j$,
2. すべての $j \in I$ に対して $B \subseteq A_j$ ならば，$B \subseteq \bigcap_{i\in I} A_i$.

証明　(1): 任意の $j \in I$ に対して，$a \in \bigcap_{i\in I} A_i$ ならば $\forall i \in I\,(a \in A_i)$，すなわち $\forall i(i \in I \to a \in A_i)$．よって，$j \in I$ より $a \in A_j$．a は任意なので $\bigcap_{i\in I} A_i \subseteq A_j$.

(2): すべての $j \in I$ に対して $B \subseteq A_j$ と仮定する．任意の $a \in B$ と $i \in I$ に対して，$B \subseteq A_i$ より $a \in A_i$．$i \in I$ は任意なので $\forall i \in I\,(a \in A_i)$．したがって $a \in \bigcap_{i\in I} A_i$．ゆえに $B \subseteq \bigcap_{i\in I} A_i$. □

命題 9.57. 集合の族 $\{A_i \mid i \in I\}$ および集合 B に対して

1. $(\bigcup_{i\in I} A_i) \cap B = \bigcup_{i\in I}(A_i \cap B)$.

I が要素を持つとき

2. $(\bigcap_{i\in I} A_i)\cup B \subseteq \bigcap_{i\in I}(A_i\cup B)$,

またRAAを用いると

3. $(\bigcap_{i\in I} A_i)\cup B = \bigcap_{i\in I}(A_i\cup B)$.

証明　(2) および (3) のみ示す.

(2): 任意の $j\in I$ に対して，補題 9.56 (1) および補題 6.43 (1) より $\bigcap_{i\in I} A_i \subseteq A_j$ および $A_j \subseteq A_j \cup B$. よって，命題 6.10 (3) より $\bigcap_{i\in I} A_i \subseteq A_j\cup B$. また，補題 6.43 (2) より $B\subseteq A_j\cup B$. よって，補題 6.43 (3) より $(\bigcap_{i\in I} A_i)\cup B \subseteq A_j\cup B$. $j\in I$ は任意なので，補題 9.56 (2) より $(\bigcap_{i\in I} A_i)\cup B\subseteq \bigcap_{i\in I}(A_i\cup B)$.

(3): 任意の $a\in \bigcap_{i\in I}(A_i\cup B)$ に対して，$a\notin(\bigcap_{i\in I} A_i)\cup B$ と仮定する. $\forall i\in I\,(a\in A_i\cup B)$，すなわち $\forall i(i\in I\to a\in A_i\cup B)$ より，任意の $j\in I$ に対して $a\in A_j\cup B$. よって，$a\in A_j$ または $a\in B$. $a\in A_j$ のとき，$a\in A_j$. $a\in B$ のとき，$a\in\bigcap_{i\in I} A_i \vee a\in B$. よって $a\in(\bigcap_{i\in I} A_i)\cup B$. これは矛盾. したがって $a\in A_j$. いずれの場合も $a\in A_j$. また，$j\in I$ は任意なので $\forall i\in I\,(a\in A_i)$. よって $a\in\bigcap_{i\in I} A_i$. したがって，$a\in\bigcap_{i\in I} A_i\vee a\in B$. よって $a\in(\bigcap_{i\in I} A_i)\cup B$. これは矛盾. したがって $a\in(\bigcap_{i\in I} A_i)\cup B$ [RAA]. よって $\bigcap_{i\in I}(A_i\cup B)\subseteq(\bigcap_{i\in I} A_i)\cup B$. (2) より $(\bigcap_{i\in I} A_i)\cup B\subseteq\bigcap_{i\in I}(A_i\cup B)$. ゆえに，命題 6.10 (2) より $(\bigcap_{i\in I} A_i)\cup B=\bigcap_{i\in I}(A_i\cup B)$. □

問 9.58. 命題 9.57 (1) を示せ.

命題 9.59. 集合の族 $\{A_i \mid i\in I\}$ および集合 B に対して

1. $(\bigcup_{i\in I} A_i)\setminus B=\bigcup_{i\in I}(A_i\setminus B)$.

I が要素を持つとき

2. $(\bigcap_{i\in I} A_i)\setminus B=\bigcap_{i\in I}(A_i\setminus B)$,
3. $B\setminus(\bigcup_{i\in I} A_i)=\bigcap_{i\in I}(B\setminus A_i)$,
4. $\bigcup_{i\in I}(B\setminus A_i)\subseteq B\setminus(\bigcap_{i\in I} A_i)$,

またRAAを用いると

5. $B \setminus (\bigcap_{i\in I} A_i) = \bigcup_{i\in I}(B \setminus A_i)$.

証明 (4) および (5) のみ示す.

(4): 任意の $j \in I$ に対して，命題 6.10 (1) および補題 9.56 (1) より $B \subseteq B$ および $\bigcap_{i\in I} A_i \subseteq A_j$. よって，補題 7.52 より $B \setminus A_j \subseteq B \setminus (\bigcap_{i\in I} A_i)$. したがって，補題 9.55 (2) より $\bigcup_{i\in I}(B \setminus A_i) \subseteq B \setminus (\bigcap_{i\in I} A_i)$.

(5): 任意の $a \in B \setminus (\bigcap_{i\in I} A_i)$ に対して，$a \in B$ かつ $a \notin \bigcap_{i\in I} A_i$. $a \notin \bigcup_{i\in I}(B \setminus A_i)$，すなわち $\neg\exists i(i \in I \wedge a \in B \setminus A_i)$ と仮定する. $j \in I$ に対して $a \notin A_j$ とする. $a \in B$ より $a \in B \setminus A_j$. よって $j \in I \wedge a \in B \setminus A_j$. したがって $\exists i(i \in I \wedge a \in B \setminus A_i)$. これは矛盾. よって $a \in A_j$ [RAA]. $j \in I$ は任意なので $\forall i \in I\,(a \in A_i)$，すなわち $a \in \bigcap_{i\in I} A_i$. これは矛盾. よって $a \in \bigcup_{i\in I}(B \setminus A_i)$ [RAA]. したがって $B \setminus (\bigcap_{i\in I} A_i) \subseteq \bigcup_{i\in I}(B \setminus A_i)$. (4) より $\bigcup_{i\in I}(B \setminus A_i) \subseteq B \setminus (\bigcap_{i\in I} A_i)$. ゆえに，命題 6.10 (2) より $B \setminus (\bigcap_{i\in I} A_i) = \bigcup_{i\in I}(B \setminus A_i)$. □

問 9.60. 命題 9.59 (1)，(2) および (3) を示せ.

系 9.61. 全体集合 U の部分集合族 $\{A_i \mid i \in I\}$（ただし I は要素を持つ）に対して

1. $(\bigcup_{i\in I} A_i)^c = \bigcap_{i\in I} A_i^c$,
2. $\bigcup_{i\in I} A_i^c \subseteq (\bigcap_{i\in I} A_i)^c$,

また RAA を用いると

3. $(\bigcap_{i\in I} A_i)^c = \bigcup_{i\in I} A_i^c$.

証明 命題 9.59 (3)，(4) および (5) よりただちに導ける. □

命題 9.62. $R \subseteq X \times Y$ を関係とする. 集合 X の部分集合族 $\{A_i \mid i \in I\}$ および集合 Y の部分集合族 $\{C_i \mid i \in I\}$ に対して

1. $R(\bigcup_{i\in I} A_i) = \bigcup_{i\in I} R(A_i)$.

I が要素を持つとき

2. $R(\bigcap_{i\in I} A_i) \subseteq \bigcap_{i\in I} R(A_i)$,

またRが一価ならば

3. $R^{-1}(\bigcap_{i\in I} C_i) = \bigcap_{i\in I} R^{-1}(C_i)$.

証明　(3)のみ示す．Iは要素i_0を持つとし，Rを一価とする．任意の$a \in \bigcap_{i\in I} R^{-1}(C_i)$に対して，$\forall i \in I\,(a \in R^{-1}(C_i))$および$i_0 \in I$より$a \in R^{-1}(C_{i_0})$．よって，$b\ R^{-1}\ a$，すなわち$a\ R\ b$となる$b \in C_{i_0}$が存在する．任意の$j \in I$に対して，$a \in R^{-1}(C_j)$より$c\ R^{-1}\ a$，すなわち$a\ R\ c$となる$c \in C_j$が存在する．$R$が一価より$b = c$．よって$b \in C_j$．また，$j \in I$は任意なので$\forall i \in I\,(b \in C_i)$，すなわち$b \in \bigcap_{i\in I} C_i$．よって$\exists y \in \bigcap_{i\in I} C_i (y\, R^{-1}\, a)$，すなわち$a \in R^{-1}(\bigcap_{i\in I} C_i)$．したがって$\bigcap_{i\in I} R^{-1}(C_i) \subseteq R^{-1}(\bigcap_{i\in I} C_i)$．(2)より$R^{-1}(\bigcap_{i\in I} C_i) \subseteq \bigcap_{i\in I} R^{-1}(C_i)$．ゆえに，命題6.10 (2)より$R^{-1}(\bigcap_{i\in I} C_i) = \bigcap_{i\in I} R^{-1}(C_i)$.　□

問 9.63. 命題9.62 (1)および(2)を示せ.

系 9.64. $f : X \to Y$を写像とする．集合Xの部分集合族$\{A_i \mid i \in I\}$および集合Yの部分集合族$\{C_i \mid i \in I\}$に対して

1. $f(\bigcup_{i\in I} A_i) = \bigcup_{i\in I} f(A_i)$,
2. $f^{-1}(\bigcup_{i\in I} C_i) = \bigcup_{i\in I} f^{-1}(C_i)$.

Iが要素を持つとき

3. $f(\bigcap_{i\in I} A_i) \subseteq \bigcap_{i\in I} f(A_i)$,
4. $f^{-1}(\bigcap_{i\in I} C_i) = \bigcap_{i\in I} f^{-1}(C_i)$.

証明　命題9.62よりただちに導ける.　□

集合の族$\{A_i \mid i \in I\}$において，Iから$\bigcup_{i\in I} A_i$への写像fですべての$i \in I$に対して$f(i) \in A_i$となる写像f全体の集合を，$\{A_i \mid i \in I\}$の**直積集合** (product) といい$\prod_{i\in I} A_i$で表す．すなわち

$$\prod_{i\in I} A_i = \{f \in (\bigcup_{i\in I} A_i)^I \mid \forall i \in I(f(i) \in A_i)\}$$

$\prod_{i\in I} A_i$ の要素 f において，$i \in I$ に対して $f(i) = a_i$ であるとき a_i を i **成分** (component) といい，f を $(a_i)_{i\in I}$ と表す．$(a_i)_{i\in I}$ に対してその j 成分 a_j を対応させる写像 $\pi_j : \prod_{i\in I} A_i \to A_j$ を**射影** (projection) という．

例 9.65. 集合の族 $\{A_i \mid i \in \{0,1\}\}$ の直積集合は，命題 9.44 より

$$\prod_{i\in\{0,1\}} A_i = \{f \in (A_0 \cup A_1)^{\{0,1\}} \mid f(0) \in A_0 \wedge f(1) \in A_1\} \simeq A_0 \times A_1.$$

また，集合の族 $\{A_i \mid i \in I\}$ に対して，集合

$$\sum_{i\in I} A_i = \bigcup_{i\in I}(\{i\} \times A_i)$$

を $\{A_i \mid i \in I\}$ の**直和集合**（direct sum あるいは coproduct）といい，$\coprod_{i\in I} A_i$ と表すこともある．$a \in A_j$ に対して $\langle j, a_j\rangle$ を対応させる写像 $\iota_j : A_j \to \sum_{i\in I} A_i$ を**標準的単射** (canonical injection) という．

例 9.66. 集合の族 $\{A_i \mid i \in \{0,1\}\}$ の直和集合は

$$\sum_{i\in\{0,1\}} A_i = (\{0\} \times A_0) \cup (\{1\} \times A_1) = A_0 + A_1.$$

第 10 章
同値関係と順序

本章では 2 項関係と 2 項演算，同値関係および順序に関する基本的な概念を述べる．最後にプログラムの表示的意味論やそれから発展した領域理論で中心的な役割を果たす有向完備（半）順序 (dcpo) について触れる．

10.1　2 項関係と 2 項演算

2 項関係

X を集合とする．直積集合 X^n $(n \geq 1)$ の部分集合 R を X 上の $\boldsymbol{n}$ **項関係** (n-ary relation) という．また，$n = 1$ のとき**単項関係** (unary relation)，$n = 2$ のとき **2 項関係** (binary relation)，$n = 3$ のとき **3 項関係** (ternary relation) などという．X^n の要素 $\langle a_1, \ldots, a_n \rangle$ は

$$\langle a_1, \ldots, a_n \rangle \in R$$

であるとき関係 R にあるといい，$R(a_1, \ldots, a_n)$ で表す．また 2 項関係の場合は，$R(a_1, a_2)$ を大小関係 $\leq$ や $<$ などに倣い $a_1 \; R \; a_2$ と表す．

集合 X 上の 2 項関係 R は，任意の $a \in X$ に対して $a \; R \; a$，すなわち

$$\forall x \in X \, (x \; R \; x)$$

であるとき**反射的** (reflexive)，任意の $a, b \in X$ に対して $a \; R \; b$ ならば $b \; R \; a$，すなわち

$$\forall x \in X \forall y \in X \, (x \; R \; y \rightarrow y \; R \; x)$$

であるとき**対称的** (symmetric)，任意の $a, b \in X$ に対して $a \; R \; b$ かつ $b \; R \; a$ ならば $a = b$，すなわち

$$\forall x \in X \forall y \in X\,[(x\ R\ y \wedge y\ R\ x) \to x = y]$$

であるとき**反対称的** (anti-symmetric)，任意の $a, b, c \in X$ に対して $a\ R\ b$ かつ $b\ R\ c$ ならば $a\ R\ c$，すなわち

$$\forall x \in X \forall y \in X \forall z \in X\,[(x\ R\ y \wedge y\ R\ z) \to x\ R\ z]$$

であるとき**推移的** (transitive)，任意の $a, b \in X$ に対して $a\ R\ b$ または $b\ R\ a$，すなわち

$$\forall x \in X \forall y \in X\,(x\ R\ y \vee y\ R\ x)$$

であるとき**線形** (linear) とそれぞれいう．

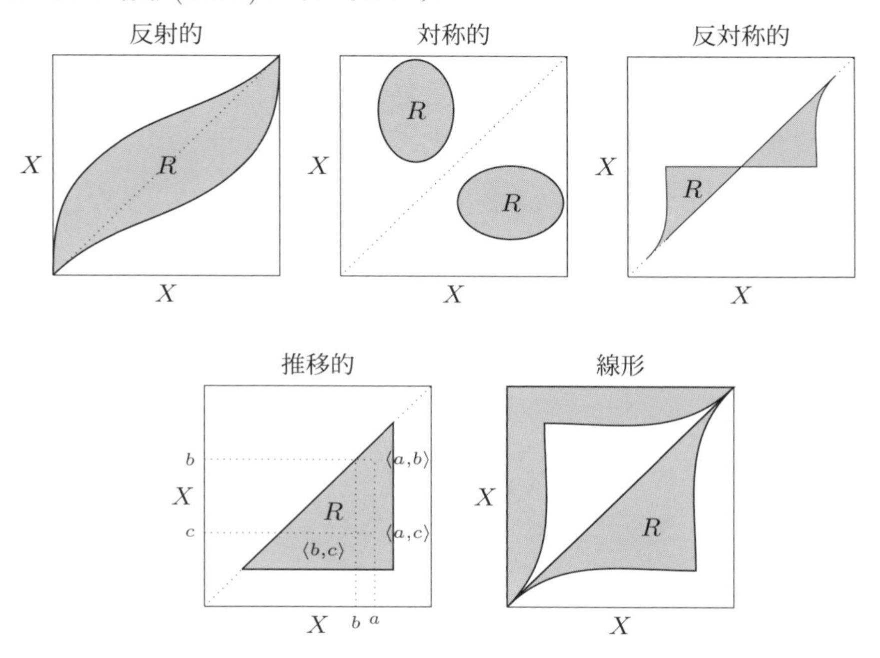

注 10.1. 上図推移的の関係 R では，任意の $a, b, c \in X$ に対して，$\langle a, b\rangle \in R$ かつ $\langle b, c\rangle \in R$ ならば $\langle a, c\rangle \in R$ となる．

例 10.2. $\mathbb{Q}$ 上の大小関係 $\leq$ は反射的，反対称的，推移的および線形な 2 項関係

である.

問 10.3. 集合 X のべき集合 $\mathrm{Pow}(X)$ 上の 2 項関係 $\subseteq$ は反射的，反対称的および推移的であることを確かめよ（命題 6.10 参照）.

問 10.4. 集合 X のべき集合 $\mathrm{Pow}(X)$ 上の 2 項関係 $\simeq$ は反射的，対称的および推移的であることを確かめよ（命題 9.40 参照）.

補題 10.5. 集合 X 上の任意の 2 項関係 R に対して，X 上の 2 項関係 $R \cap R^{-1}$ は対称的である.

証明 任意の $a, b \in X$ に対して，$a\,(R \cap R^{-1})\,b$，すなわち $\langle a, b\rangle \in R \cap R^{-1}$ ならば，$\langle a, b\rangle \in R$ かつ $\langle a, b\rangle \in R^{-1}$. よって，$a\ R\ b$ および $a\ R^{-1}\ b$. したがって，$b\,R^{-1}\,a$ および $b\,R\,a$. よって，$\langle b, a\rangle \in R^{-1}$ および $\langle b, a\rangle \in R$. したがって $\langle b, a\rangle \in R \cap R^{-1}$，すなわち $b\,(R \cap R^{-1})\,a$. ゆえに，$R \cap R^{-1}$ は対称的. □

命題 10.6. 集合 X 上の 2 項関係 R に対して，

1. R が反射的であるための必要十分条件は $\Delta_X \subseteq R$,
2. R が対称的であるための必要十分条件は $R \subseteq R^{-1}$,
3. R が反対称的であるための必要十分条件は $R \cap R^{-1} \subseteq \Delta_X$,
4. R が推移的であるための必要十分条件は $R \circ R \subseteq R$,
5. R が線形であるための必要十分条件は $R \cup R^{-1} = X \times X$.

証明 (3) および (4) のみ示す.

(3): R が反対称的であると仮定する．任意の $a, b \in X$ に対して，$\langle a, b\rangle \in R \cap R^{-1}$ ならば $\langle a, b\rangle \in R$ かつ $\langle a, b\rangle \in R^{-1}$，すなわち，$a\ R\ b$ および $a\ R^{-1}\ b$. よって，$a\ R\ b$ および $b\ R\ a$. したがって $a = b$. よって $\langle a, b\rangle \in \Delta_X$. ゆえに $R \cap R^{-1} \subseteq \Delta_X$.

逆に，$R \cap R^{-1} \subseteq \Delta_X$ と仮定する．任意の $a, b \in X$ に対して，$a\ R\ b$ かつ $b\,R\,a$ ならば，$a\,R\,b$ および $a\,R^{-1}\,b$. よって $\langle a, b\rangle \in R$ および $\langle a, b\rangle \in R^{-1}$. したがって $\langle a, b\rangle \in R \cap R^{-1}$. よって $\langle a, b\rangle \in \Delta_X$. したがって $a = b$. よって，R は反対称的.

(4): R が推移的であると仮定する．任意の $a, b \in X$ に対して，$\langle a, b\rangle \in R \circ R$ ならば，ある $c \in X$ が存在して $a\ R\ c$ および $c\ R\ b$．よって $a\ R\ b$，すなわち $\langle a, b\rangle \in R$．したがって $R \circ R \subseteq R$．

逆に $R \circ R \subseteq R$ と仮定する．任意の $a, b, c \in X$ に対して，$a\ R\ b$ かつ $b\ R\ c$ ならば，$\langle a, c\rangle \in R \circ R$．したがって $\langle a, c\rangle \in R$．よって $a\ R\ c$．したがって R は推移的．□

問 10.7. 命題 10.6 (1)，(2) および (5) を示せ．

注 10.8. R を集合 X 上の 2 項関係とする．R が対称的ならば $R = R^{-1}$ である．また R が推移的であるとき，R が反射的ならば $R \circ R = R$ である．実際，R が対称的であるとき，補題 8.37 (1) および命題 8.35 (1) より $R^{-1} \subseteq (R^{-1})^{-1} = R$．よって，命題 6.10 (2) より $R = R^{-1}$．また，R が推移的かつ反射的であるとき，命題 8.33 (2) および補題 8.37 (2) より $R = R \circ \Delta_X \subseteq R \circ R$．よって，命題 6.10 (2) より $R \circ R = R$．

2 項演算

直積集合 X^n から X への写像 f を X 上の **n 項演算** (n-ary operation) という．また，$n = 1$ のとき**単項演算** (unary operation)，$n = 2$ のとき **2 項演算** (binary operation)，$n = 3$ のとき **3 項演算** (ternary operation) などという．X^n の要素 $\langle a_1, \ldots, a_n\rangle$ の f による値

$$f(\langle a_1, \ldots, a_n\rangle)$$

を $f(a_1, \ldots, a_n)$ で表す．また 2 項演算の場合は，$f(a_1, a_2)$ を算術演算 $+$ や $\times$ などに倣いしばしば $a_1\ f\ a_2$ と表す．

集合 X 上の 2 項演算 $\bullet$ は，任意の $a \in X$ に対して $a \bullet a = a$，すなわち

$$\forall x \in X(x \bullet x = x)$$

であるとき**べき等** (idempotent)，任意の $a, b \in X$ に対して $a \bullet b = b \bullet a$，すなわち

$$\forall x \in X \forall y \in X (x \bullet y = y \bullet x)$$

であるとき**可換** (commutative)，任意の $a, b, c \in X$ に対して $a \bullet (b \bullet c) = (a \bullet b) \bullet c$，すなわち

$$\forall x \in X \forall y \in X \forall z \in X (x \bullet (y \bullet z) = (x \bullet y) \bullet z)$$

であるとき**結合的** (associative) とそれぞれいう．

集合 X 上の 2 項演算 $\bullet$ に対して，X の要素 e_l が任意の $a \in X$ に対して $e_l \bullet a = a$，すなわち

$$\forall x \in X\, (e_l \bullet x = x)$$

であるとき e_l を $\bullet$ の**左単位元** (left identity)，X の要素 e_r が任意の $a \in X$ に対して $a \bullet e_r = a$，すなわち

$$\forall x \in X\, (x \bullet e_r = x)$$

であるとき e_r を $\bullet$ の**右単位元** (right identity) とそれぞれいう．

問 10.9. 集合 X 上の 2 項演算に左単位元と右単位元がともに存在すれば，それらは等しいことを示せ．このとき，それを単に**単位元** (identity) という．

例 10.10. $\mathbb{N}$ 上の 2 項演算 $+$ は可換かつ結合的である．また，0 は $+$ の単位元である．

例 10.11. 集合 X のべき集合 $\mathrm{Pow}(X)$ 上の 2 項演算 $\cup$ はべき等，可換かつ結合的である．また，$\emptyset$ は $\cup$ の単位元である（命題 6.45 参照）．

問 10.12. 集合 X のべき集合 $\mathrm{Pow}(X)$ 上の 2 項演算 $\cap$ はべき等，可換かつ結合的であることを確かめよ．また，X は $\cap$ の単位元であることを確かめよ．

例 10.13. 集合 X から X への写像全体の集合 X^X 上の 2 項演算 $\circ$（写像の合成）は結合的である．また，id_X は $\circ$ の単位元である（命題 9.16 参照）．

集合 X 上の 2 項演算 $\bullet$ に対して，X 上の 2 項関係 R を次のように定義し，2

項演算 $\bullet$ により**誘導された** (induced) 2 項関係と呼ぶ．各 $a, b \in X$ に対して

$$a \; R \; b \Leftrightarrow a \bullet b = b \qquad (\Leftrightarrow \text{は左辺を右辺で定義することを表す}),$$

すなわち $R = \{\langle x, y\rangle \in X \times X \mid x \bullet y = y\}$.

例 10.14. 集合 X のべき集合 $\mathrm{Pow}(X)$ 上の 2 項演算 $\cup$ により誘導された 2 項関係は $\subseteq$ である（問 6.47 参照）.

命題 10.15. R を集合 X 上の 2 項演算 $\bullet$ により誘導された X 上の 2 項関係とする．このとき

1. $\bullet$ がべき等ならば R は反射的,
2. $\bullet$ が可換ならば R は反対称的,
3. $\bullet$ が結合的ならば R は推移的.

証明 (1): 任意の $a \in X$ に対して，$a \bullet a = a$. よって $a \; R \; a$. したがって，R は反射的.

(2): 任意の $a, b \in X$ に対して，$a \; R \; b$ かつ $b \; R \; a$ ならば，$a \bullet b = b$ かつ $b \bullet a = a$. よって $a = b \bullet a = a \bullet b = b$. したがって，$R$ は反対称的.

(3): 任意の $a, b, c \in X$ に対して，$a \; R \; b$ かつ $b \; R \; c$ ならば，$a \bullet b = b$ かつ $b \bullet c = c$. よって $a \bullet c = a \bullet (b \bullet c) = (a \bullet b) \bullet c = b \bullet c = c$. したがって $a \; R \; c$. ゆえに，R は推移的. □

集合 X と X 上の 2 項演算 $\bullet$ の組 $(X, \bullet)$ を**マグマ**（magma または applicative structure）という．特に，2 項演算 $\bullet$ が結合的で単位元 e を持つとき，組 $(X, \bullet, e)$ を**モノイド** (monoid) という.

例 10.16. $(\mathbb{N}, +)$，集合 X に対する $(\mathrm{Pow}(X), \cup)$ および $(X^X, \circ)$ はマグマである．また $(\mathbb{N}, +, 0)$，$(\mathrm{Pow}(X), \cup, \emptyset)$ および $(X^X, \circ, \mathrm{id}_X)$ はモノイドである.

マグマ $(X, \bullet)$ からマグマ $(Y, \bullet')$ への写像 $f : X \to Y$ が，任意の $a, b \in X$ に対して $f(a \bullet b) = f(a) \bullet' f(b)$，すなわち

$$\forall x \in X \forall y \in X\,(f(x \bullet y) = f(x) \bullet' f(y))$$

であるとき，f をマグマの**準同型写像** (homomorphism) という．

命題 10.17. $(X, \bullet)$ および $(Y, \bullet')$ をマグマとし，R および R' をそれぞれ2項演算 $\bullet$ および $\bullet'$ により誘導された X 上および Y 上の2項関係とする．任意の（マグマの）準同型写像 $f : X \to Y$ に対して

$$\forall x \in X \forall y \in X (x \mathrel{R} y \to f(x) \mathrel{R'} f(y)).$$

証明　$f : X \to Y$ をマグマ $(X, \bullet)$ からマグマ $(Y, \bullet')$ への準同型写像とする．任意の $a, b \in X$ に対して，$a \mathrel{R} b$，すなわち $a \bullet b = b$ ならば，

$$f(a) \bullet' f(b) = f(a \bullet b) = f(b).$$

よって $f(a) \mathrel{R'} f(b)$．$a, b \in X$ は任意なので

$$\forall x \in X \forall y \in X (x \mathrel{R} y \to f(x) \mathrel{R'} f(y)). \qquad \square$$

10.2　同値関係

集合 X 上の反射的，対称的かつ推移的な2項関係 R を X 上の**同値関係** (equivalence relation) という．

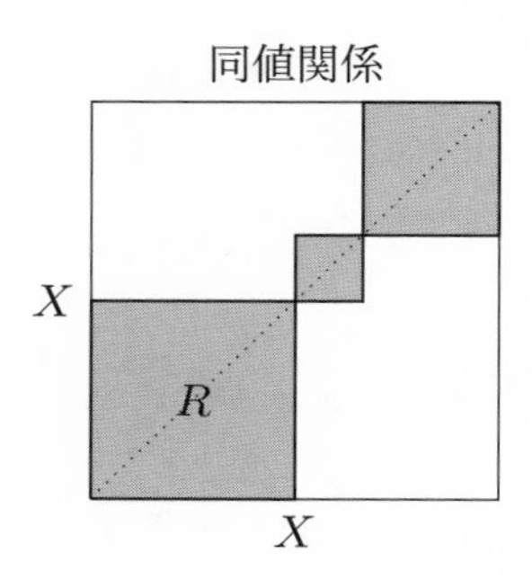

X の要素 a と b に対して，$a \mathrel{R} b$ であるとき，a と b は**同値** (equivalent) であるという．a と同値なもの全体の集合

$$[a]_R = R(a) = \{y \in X \mid a \; R \; y\}$$

を a の**同値類** (equivalence class) といい，a をその**代表元** (representative) という．同値関係をしばしば記号 $\sim$ で表す．

例 10.18. 集合 X に対して，X のべき集合 $\mathrm{Pow}(X)$ 上の 2 項関係 $\simeq$ は同値関係である（命題 9.40 参照）．

例 10.19. $X = \{0, 1, 2\}$ とし，X 上の 2 項関係 $\sim$ を

$$\sim = \{\langle 0, 0\rangle, \langle 0, 1\rangle, \langle 1, 0\rangle, \langle 1, 1\rangle, \langle 2, 2\rangle\} \subseteq X \times X$$

で定める．このとき，$\sim$ は同値関係であり

$$[0]_\sim = \{0, 1\}, \qquad [1]_\sim = \{0, 1\}, \qquad [2]_\sim = \{2\}.$$

例 10.20. 集合 X から Y への写像 $f: X \to Y$ に対して，

$$R = \{\langle x, y\rangle \in X \times X \mid f(x) = f(y)\}$$

は X 上の同値関係である．

問 10.21. 集合 X と X のべき集合 $\mathrm{Pow}(X)$ の部分集合 $\mathcal{O}$ に対して，X 上の 2 項関係 $\sim$ を次のように定義する．各 $a, b \in X$ に対して

$$a \sim b \Leftrightarrow \forall U \in \mathcal{O} \, (a \in U \leftrightarrow b \in U).$$

このとき，$\sim$ は X 上の同値関係であることを示せ．

補題 10.22. R を集合 X 上の同値関係とする．任意の $a, b \in X$ に対して

1. $a \in [a]_R$,
2. $[a]_R = [b]_R$ であるとき，またそのときのみ $a \; R \; b$,
3. $[a]_R \cap [b]_R = \emptyset$ であるとき，またそのときのみ $\neg(a \; R \; b)$.

証明 (3) のみ示す．

$[a]_R \cap [b]_R = \emptyset$ と仮定する．$a \; R \; b$ ならば $b \in [a]_R$．また，(1) より $b \in [b]_R$.

よって $b \in [a]_R \cap [b]_R = \emptyset$. これは矛盾. したがって $\neg(a\ R\ b)$.

逆に, $\neg(a\ R\ b)$ と仮定する. $c \in [a]_R \cap [b]_R$ ならば, $c \in [a]_R$ かつ $c \in [b]_R$. よって, $a\ R\ c$ および $b\ R\ c$. R は対称的なので, $a\ R\ c$ および $c\ R\ b$. R は推移的なので, $a\ R\ b$. これは矛盾. よって $c \notin [a]_R \cap [b]_R$. c は任意なので $\forall x(x \notin [a]_R \cap [b]_R)$. したがって, 系 6.34 より $[a]_R \cap [b]_R = \emptyset$. □

問 10.23. 補題 10.22 (1) および (2) を示せ.

集合 X 上の同値関係 R に対して, 集合

$$X/R = \{u \in \mathrm{Pow}(X) \mid \exists x \in X\,(u = [x]_R)\}$$

を X の R に関する**商集合** (quotient set) といい, 記号 X/R で表す. X の要素 a に対して $q_R(a) = [a]_R$ で定められる写像 $q_R : X \to X/R$, すなわち

$$q_R = \{z \in X \times X/R \mid \exists x \in X\,(z = \langle x, [x]_R \rangle)\}$$

は全射であり, **標準的全射** (canonical surjection) と呼ばれる.

例 10.24. X と $\sim$ を例 10.19 で与えた集合とその上の同値関係とする. このとき

$$X/{\sim} = \{\{0,1\},\{2\}\}, \qquad q_\sim = \{\langle 0,\{0,1\}\rangle, \langle 1,\{0,1\}\rangle, \langle 2,\{2\}\rangle\}.$$

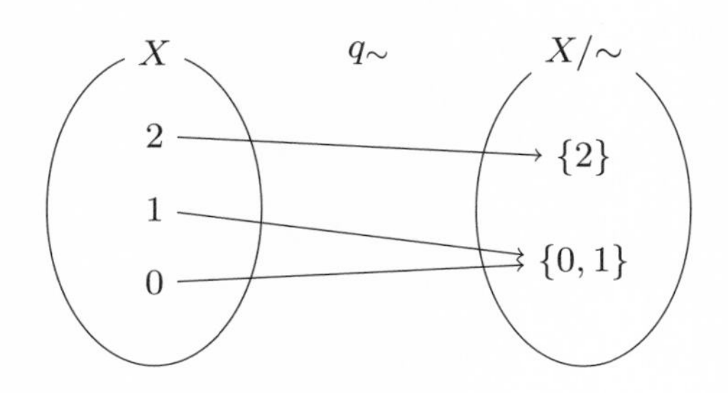

注 10.25. 集合 X 上の同値関係 R に対して, $X = \bigcup X/R$ である. 実際, 任意の $a \in X$ に対して, 補題 10.22 (1) より $a \in [a]_R$. $[a]_R \in X/R$ より $[a]_R \in X/R \wedge a \in [a]_R$. よって $\exists w \in X/R\,(a \in w)$. したがって $a \in \bigcup X/R$. よって

$X \subseteq \bigcup X/R$．任意の $a \in X$ に対して $[a]_R \subseteq X$．したがって，補題 9.55 (2) より $\bigcup X/R \subseteq X$．ゆえに，命題 6.10 (2) より $X = \bigcup X/R$．

定理 10.26. 集合 X 上の任意の 2 項関係 R に対して，R を含む X 上の最小の同値関係 E_R が存在する．すなわち

1. E_R は X 上の同値関係，
2. E が R を含む X 上の同値関係ならば $\mathsf{E}_R \subseteq E$．

証明

$$\mathcal{E} = \{E \in \mathrm{Pow}(X \times X) \mid R \subseteq E \wedge \Delta_X \subseteq E \wedge E \subseteq E^{-1} \wedge E \circ E \subseteq E\}$$

を R を含む X 上の同値関係（反射的，対称的および推移的 2 項関係）の族とする．$\mathcal{E}$ は要素 $X \times X$ を持ち，$\mathsf{E}_R = \bigcap \mathcal{E}$ と定義する．

補題 9.56 (2) より，$R \subseteq \mathsf{E}_R$ および $\Delta_X \subseteq \mathsf{E}_R$．よって，命題 10.6 (1) より E_R は反射的．任意の $a, b \in X$ に対して，$a\ \mathsf{E}_R\ b$，すなわち $\langle a, b\rangle \in \mathsf{E}_R$ と仮定する．任意の $E \in \mathcal{E}$ に対して，補題 9.56 (1) より $\mathsf{E}_R \subseteq E$．よって $\langle a, b\rangle \in E$．よって，$E \subseteq E^{-1}$ より $\langle a, b\rangle \in E^{-1}$．したがって $\langle b, a\rangle \in E$．$E \in \mathcal{E}$ は任意なので $\langle b, a\rangle \in \bigcap \mathcal{E} = \mathsf{E}_R$，すなわち $b\ \mathsf{E}_R\ a$．したがって，E_R は対称的．任意の $a, b, c \in X$ に対して，$a\ \mathsf{E}_R\ b$ かつ $b\ \mathsf{E}_R\ c$，すなわち $\langle a, b\rangle \in \mathsf{E}_R$ かつ $\langle b, c\rangle \in \mathsf{E}_R$ と仮定する．任意の $E \in \mathcal{E}$ に対して，補題 9.56 (1) より $\mathsf{E}_R \subseteq E$．よって，$\langle a, b\rangle \in E$ かつ $\langle b, c\rangle \in E$．よって $\langle a, c\rangle \in E \circ E$．したがって，$E \circ E \subseteq E$ より $\langle a, c\rangle \in E$．$E \in \mathcal{E}$ は任意なので $\langle a, c\rangle \in \bigcap \mathcal{E} = \mathsf{E}_R$，すなわち $a\ \mathsf{E}_R\ c$．したがって E_R は推移的．ゆえに E_R は同値関係．

また補題 9.56 (1) より，E が R を含む X 上の同値関係ならば $\mathsf{E}_R \subseteq E$． □

$\sim$ を集合 X 上の同値関係とする．X 上の n 項関係 R は任意の $a_1, \ldots, a_n \in X$ および $b_1, \ldots, b_n \in X$ に対して

$$a_1 \sim b_1 \wedge \cdots \wedge a_n \sim b_n \wedge R(a_1, \ldots, a_n) \to R(b_1, \ldots, b_n)$$

であるとき，写像 $f : X^n \to Y$ は任意の $a_1, \ldots, a_n \in X$ および $b_1, \ldots, b_n \in X$ に対して

$$a_1 \sim b_1 \wedge \cdots \wedge a_n \sim b_n \to f(a_1, \ldots, a_n) = f(b_1, \ldots, b_n)$$

であるとき，同値関係 $\sim$ と**両立する** (compatible) という．

例 10.27. X と $\sim$ を例 10.19 で与えた集合とその上の同値関係とする．このとき，次の写像 $f : X \to X$ は $\sim$ と両立する．

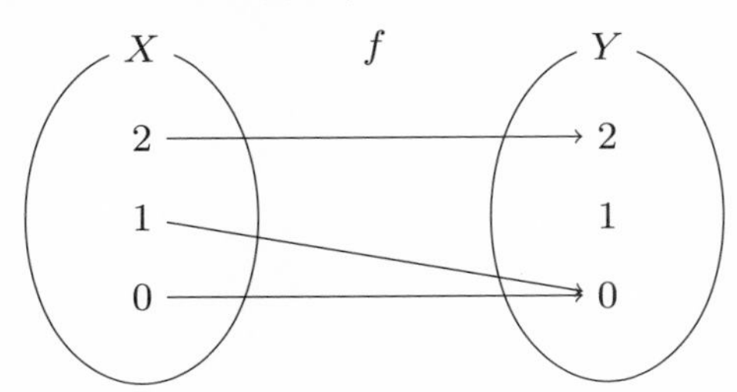

補題 10.28. $\sim$ を集合 X 上の同値関係とし，X 上の n 項関係 R および写像 $f :$ $X^n \to Y$ はそれぞれ $\sim$ と両立するとする．各 $a_1, \ldots, a_n \in X$ に対して

$$\tilde{R}([a_1]_\sim, \ldots, [a_n]_\sim) \Leftrightarrow R(a_1, \ldots, a_n)$$

により商集合 $X/{\sim}$ 上の n 項関係 $\tilde{R}$，各 $a_1, \ldots, a_n \in X$ に対して

$$\tilde{f}([a_1]_\sim, \ldots, [a_n]_\sim) = f(a_1, \ldots, a_n)$$

により写像 $\tilde{f} : (X/{\sim})^n \to Y$ が代表元の選び方によらず一意に定まる．

証明　任意の $a_1, \ldots, a_n \in X$ および $b_1, \ldots, b_n \in X$ に対して，$[a_i]_\sim = [b_i]_\sim$ $(i = 1, \ldots, n)$ ならば，補題 10.22 (2) より $a_i \sim b_i$ $(i = 1, \ldots, n)$．よって，R は $\sim$ と両立するので

$$R(a_1, \ldots, a_n) \leftrightarrow R(b_1, \ldots, b_n).$$

また，f は $\sim$ と両立するので $f(a_1, \ldots, a_n) = f(b_1, \ldots, b_n)$．ゆえに，$\tilde{R}$ および $\tilde{f}$ は代表元の選び方によらず一意に定まる．すなわち

$$\begin{aligned}\tilde{R} &= \{\langle z_1, \ldots, z_n \rangle \in (X/\!\sim)^n \mid \exists x_1 \in z_1 \cdots \exists x_n \in z_n \, R(x_1, \ldots, x_n)\} \\ &= \{\langle z_1, \ldots, z_n \rangle \in (X/\!\sim)^n \mid \forall x_1 \in z_1 \cdots \forall x_n \in z_n \, R(x_1, \ldots, x_n)\},\end{aligned}$$

また

$$\begin{aligned}\tilde{f} = \{\langle\langle z_1, \ldots, z_n \rangle, y \rangle \in (X/\!\sim)^n \times Y \mid \\ \exists x_1 \in z_1 \cdots \exists x_n \in z_n \, (f(x_1, \ldots, x_n) = y)\}\end{aligned}$$

は全域的かつ一価. □

補題 10.28 より，集合 X 上の n 項関係 R および写像 $f : X^n \to Y$ が X 上の同値関係 $\sim$ と両立するとき，商集合 $X/\!\sim$ 上の n 項関係 $\tilde{R}$ および写像 $\tilde{f} : (X/\!\sim)^n \to Y$ は**ウェル・ディファインド** (well-defined) という.

例 10.29. 例 10.27 で与えた写像 $f : X \to Y$ に対する $\tilde{f} : X/\!\sim \to Y$ は次のようになる.

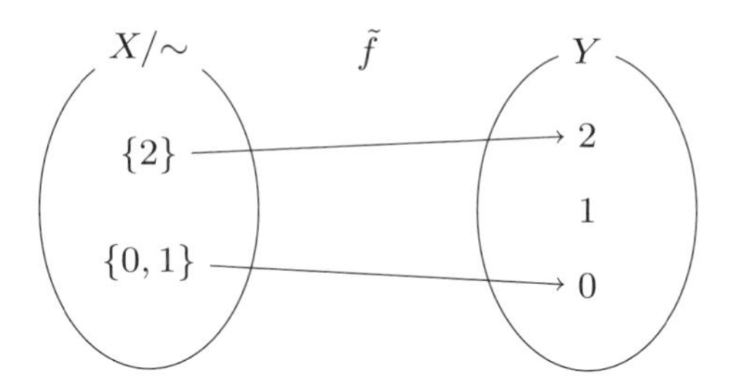

10.3　順序

集合 X 上の反射的かつ推移的な 2 項関係を**擬順序** (psuedo-order) または**前順序** (preorder) という.

例 10.30. 集合 X 上のべき等かつ結合的 2 項演算 $\bullet$ に対して，$\bullet$ により誘導された X 上の 2 項関係 R は前順序である.

問 10.31. 集合 X と X のべき集合 $\mathrm{Pow}(X)$ の部分集合 $\mathcal{O}$ に対して，X 上の二

項関係 $\sqsubseteq$ を次のように定義する．各 $a, b \in X$ に対して

$$a \sqsubseteq b \Leftrightarrow \forall U \in \mathcal{O}\,(a \in U \to b \in U).$$

このとき，$\sqsubseteq$ は X 上の前順序であることを示せ．

補題 10.32. R が集合 X 上の前順序であるとき，X 上の 2 項関係 $R \cap R^{-1}$ は X 上の同値関係である．

証明　任意の $a \in X$ に対して，R は反射的なので $a\ R\ a$．よって $a\ R^{-1}\ a$．よって $a\,(R \cap R^{-1})\,a$．したがって，$R \cap R^{-1}$ は反射的．補題 10.5 より，$R \cap R^{-1}$ は対称的．任意の $a, b, c \in X$ に対して，$a\,(R \cap R^{-1})\,b$ および $a\,(R \cap R^{-1})\,c$ ならば，$a\ R\ b$，$a\ R^{-1}\ b$，$b\ R\ c$ および $b\ R^{-1}\ c$．よって，$a\ R\ b$，$b\ R\ a$，$b\ R\ c$ および $c\ R\ b$．R は推移的なので，$a\ R\ c$ および $c\ R\ a$．よって，$a\ R\ c$ および $a\ R^{-1}\ c$．よって $a\ (R \cap R^{-1})\ c$．したがって，$R \cap R^{-1}$ は推移的．ゆえに $R \cap R^{-1}$ は同値関係．　□

問 10.33. 集合 X 上の任意の 2 項関係 R に対して，R を含む X 上の最小の前順序 R^*，すなわち

1. R^* は X 上の前順序，
2. S が R を含む X 上の前順序ならば $R^* \subseteq S$，

が存在することを示せ．R^* を関係 R の**反射的推移的閉包** (reflexive transitive closure) と呼ぶ．

集合 X 上の反射的，反対称的かつ推移的な 2 項関係を X 上の**半順序** (partial order) あるいは単に**順序** (order) という．特に，順序が線形であるとき，**全順序** (total order) または**線形順序** (linear order) という．

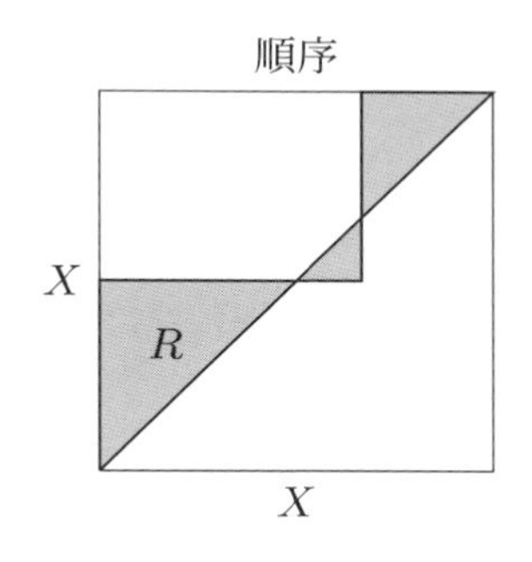

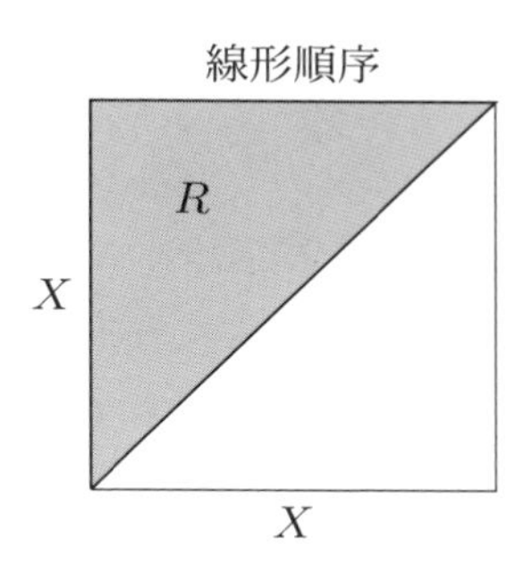

例 10.34. $\mathbb{Q}$ 上の大小関係 $\leq$ は線形順序である．

例 10.35. 集合 X に対して，X のべき集合 $\mathrm{Pow}(X)$ 上の 2 項関係 $\subseteq$ は順序である．

問 10.36. 集合 X に対して，$\mathrm{Pow}(X)$ 上の関係 $\subseteq$ は一般に線形順序ではない．反例を挙げよ．

例 10.37. 集合 X 上のべき等，可換かつ結合的 2 項演算 $\bullet$ に対して，$\bullet$ により誘導された X 上の 2 項関係 R は順序である．

命題 10.38. 集合 X 上の前順序 R に対して，X 上の同値関係 $\sim$ を次のように定義する．各 $a, b \in X$ に対して

$$a \sim b \Leftrightarrow a\,(R \cap R^{-1})\,b.$$

このとき，各 $a, b \in X$ に対して

$$a\,\tilde{R}\,b \Leftrightarrow a\,R\,b$$

により定まる商集合 $X/\!\sim$ 上の順序 $\tilde{R}$ はウェル・ディファインドである．

証明 補題 10.28 より R が $\sim$ と両立すること，および $\tilde{R}$ が順序であることを示せばよい．任意の $a, a', b, b' \in X$ に対して，$a \sim a'$，$b \sim b'$ および $a\,R\,b$ ならば，$a\,R^{-1}\,a'$，$b\,R\,b'$ および $a\,R\,b$．よって $a'\,R\,a$，$b\,R\,b'$ および $a\,R\,b$．したがって，R が推移的であることを 2 回用いれば $a'\,R\,b'$．ゆえに，R は $\sim$ と両立

する．

任意の $a \in X$ に対して，R が反射的なので $a\ R\ a$，すなわち $[a]_\sim\ \tilde{R}\ [a]_\sim$．したがって，$\tilde{R}$ は反射的．任意の $a, b \in X$ に対して，$[a]_\sim\ \tilde{R}\ [b]_\sim$ および $[b]_\sim\ \tilde{R}\ [a]_\sim$ ならば，$a\ R\ b$ および $b\ R\ a$．よって，$a\ R\ b$ および $a\ R^{-1}\ b$．よって $a \sim b$．したがって，補題 10.22 (2) より $[a]_\sim = [b]_\sim$．よって $\tilde{R}$ は反対称的．任意の $a, b, c \in X$ に対して，$[a]_\sim\ \tilde{R}\ [b]_\sim$ および $[b]_\sim\ \tilde{R}\ [c]_\sim$ ならば，$a\ R\ b$ および $b\ R\ c$．R は推移的なので $a\ R\ c$．よって $[a]_\sim\ \tilde{R}\ [c]_\sim$．したがって $\tilde{R}$ は推移的．ゆえに $\tilde{R}$ は順序．□

集合 X と X 上の前順序 $\leq$ の組 $(X, \leq)$ を**前順序集合** (preordered set) といい，$\leq$ が X 上の順序であれば**順序集合** (ordered set) という．また $\leq$ が X 上の線形順序であれば，**全順序集合** (totally ordered set) または**線形順序集合** (linearly ordered set) という．

補題 10.39. $(X, \leq_X)$ および $(Y, \leq_Y)$ を順序集合とする．$X \times Y$ 上の 2 項関係 $\leq_{X \times Y}$ を，各 $\langle a, b\rangle, \langle a', b'\rangle \in X \times Y$ に対して

$$\langle a, b\rangle \leq_{X \times Y} \langle a', b'\rangle \Leftrightarrow a \leq_X a' \wedge b \leq_Y b'$$

と定める．このとき，$(X \times Y, \leq_{X \times Y})$ は順序集合である．

証明　任意の $\langle a, b\rangle \in X \times Y$ に対して，$\leq_X$ および $\leq_Y$ は反射的なので $a \leq_X a$ かつ $b \leq_Y b$．よって $\langle a, b\rangle \leq_{X \times Y} \langle a, b\rangle$．したがって $\leq_{X \times Y}$ は反射的．

任意の $\langle a, b\rangle, \langle a', b'\rangle \in X \times Y$ に対して，$\langle a, b\rangle \leq_{X \times Y} \langle a', b'\rangle$ かつ $\langle a', b'\rangle \leq_{X \times Y} \langle a, b\rangle$ ならば，$a \leq_X a'$ かつ $a' \leq_X a$ および $b \leq_Y b'$ かつ $b' \leq_Y b$．$\leq_X$ および $\leq_Y$ は反対称的なので $a = a'$ かつ $b = b'$．よって $\langle a, b\rangle = \langle a', b'\rangle$．したがって $\leq_{X \times Y}$ は反対称的．

任意の $\langle a, b\rangle, \langle a', b'\rangle, \langle a'', b''\rangle \in X \times Y$ に対して，$\langle a, b\rangle \leq_{X \times Y} \langle a', b'\rangle$ かつ $\langle a', b'\rangle \leq_{X \times Y} \langle a'', b''\rangle$ ならば，$a \leq_X a'$ かつ $a' \leq_X a''$ および $b \leq_Y b'$ かつ $b' \leq_Y b''$．$\leq_X$ および $\leq_Y$ は推移的なので $a \leq_X a''$ かつ $b \leq_Y b''$．よって $\langle a, b\rangle \leq_{X \times Y} \langle a'', b''\rangle$．したがって $\leq_{X \times Y}$ は推移的．□

問 10.40. $(X, \leq_X)$ および $(Y, \leq_Y)$ を順序集合とする．$X + Y$ 上の 2 項関係

$\leq_{X+Y}$ を，各 $\langle i, a\rangle, \langle j, b\rangle \in X + Y$ に対して

$$\langle i, a\rangle \leq_{X+Y} \langle j, b\rangle \Leftrightarrow (i = j = 0 \land a \leq_X b) \lor (i = j = 1 \land a \leq_Y b)$$

と定める．このとき，$(X + Y, \leq_{X+Y})$ は順序集合であることを示せ．

順序集合 $(X, \leq)$ から順序集合 $(Y, \leq')$ への写像 $f : X \to Y$ が，任意の $a, b \in X$ に対して $a \leq b$ ならば $f(a) \leq' f(b)$，すなわち

$$\forall x \in X \forall y \in X\, (x \leq y \to f(x) \leq' f(y))$$

であるとき，f を順序集合の**準同型写像** (homomorphism)，あるいは**単調写像** (monotone mapping) という．また写像 $f : X \to Y$ が，任意の $a, b \in X$ に対して $a \leq b$ であるとき，またそのときのみ $f(a) \leq' f(b)$，すなわち

$$\forall x \in X \forall y \in X\, (x \leq y \leftrightarrow f(x) \leq' f(y))$$

であるとき，f を X から Y への**埋め込み** (embedding) という．

注 10.41. 順序集合 $(X, \leq)$ から順序集合 $(Y, \leq')$ への埋め込み $f : X \to Y$ は単射である．実際，任意の $a, b \in X$ に対して，$f(a) = f(b)$ ならば $f(a) \leq f(b)$ かつ $f(b) \leq f(a)$．よって，$a \leq b$ かつ $b \leq a$．したがって $a = b$．ゆえに，f は単射．

命題 10.42. $\bullet$ および $\bullet'$ をそれぞれ X 上および Y 上のべき等，可換かつ結合的な 2 項演算とし，$\leq$ および $\leq'$ をそれぞれ $\bullet$ および $\bullet'$ により誘導された X 上および Y 上の順序とする．任意のマグマ $(X, \bullet)$ からマグマ $(Y, \bullet')$ への準同型写像 $f : X \to Y$ は，順序集合 $(X, \leq)$ から順序集合 $(Y, \leq')$ への単調写像である．

証明 命題 10.17 よりただちに導ける． □

$(X, \leq)$ を順序集合とし，C を X の部分集合とする．X の要素 a が任意の $c \in C$ に対して $c \leq a$，すなわち

$$\forall x \in C (x \leq a)$$

であるとき a を C の**上界** (upper bound)，任意の $c \in C$ に対して $a \leq c$，すなわち

$$\forall x \in C(a \leq x)$$

であるとき a を C の**下界** (lower bound) とそれぞれいう．上界あるいは下界が存在するとき，それぞれ C は**上に有界** (bounded from above) あるいは**下に有界** (bounded from below) といい，上にも下にも有界であるとき，単に**有界** (bounded) という．

例 10.43. 線形順序集合 $(\mathbb{Q}, \leq)$ において，1 は $\{r \in \mathbb{Q} \mid r < 1\}$ の上界であり，$\{r \in \mathbb{Q} \mid \sqrt{2} \leq r\}$ の下界である．

$\cdots\{r \in \mathbb{Q} \mid r < 1\}$　　$\{r \in \mathbb{Q} \mid \sqrt{2} \leq r\}\cdots$

1　$\sqrt{2}$

$\{r \in \mathbb{Q} \mid r < 1\}$ の上界の集合は $\{r \in \mathbb{Q} \mid 1 \leq r\}$ であり，$\{r \in \mathbb{Q} \mid \sqrt{2} \leq r\}$ の下界の集合は $\{r \in \mathbb{Q} \mid r \leq \sqrt{2}\}$ である（$\sqrt{2} \notin \mathbb{Q}$ に注意せよ）．

例 10.44. 順序集合 $(\mathrm{Pow}(X), \subseteq)$ において，$A, B \in \mathrm{Pow}(X)$ に対して $A \cup B$ は $\{A, B\}$ の上界，$A \cap B$ は $\{A, B\}$ の下界である（補題 6.43 (1), (2) および補題 7.8 (1), (2) 参照）．

問 10.45. A および B を順序集合 $(X, \leq)$ の部分集合とし，$A \subseteq B$ とする．B の上界は A の上界であることを示せ．

C の上界 a が $a \in C$，すなわち

$$a \in C \wedge \forall x \in C(x \leq a)$$

であるとき，a を C の**最大元** (maximum element)，C の下界 a が $a \in C$，すなわち

$$a \in C \wedge \forall x \in C(a \leq x)$$

であるとき，a を C の**最小元** (minimum element) とそれぞれいう．

例 10.46. 線形順序集合 $(\mathbb{Q}, \leq)$ において，$\{r \in \mathbb{Q} \mid r < 1\}$ の最大元は存在せず，$\{r \in \mathbb{Q} \mid 1 \leq r\}$ の最小元は 1 である．

例 10.47. 順序集合 $(\mathrm{Pow}(X), \subseteq)$ において，X は $\mathrm{Pow}(X)$ の最大元，$\emptyset$ は $\mathrm{Pow}(X)$ の最小元である．

問 10.48. 集合 X 上のべき等，可換かつ結合的 2 項演算 $\bullet$ に対して，$\leq$ を $\bullet$ により誘導された X 上の順序とする．任意の $a, b \in X$ に対して，$a \bullet b$ は $\{a, b\}$ の上界であることを示せ．また，2 項演算 $\bullet$ が（左）単位元 $e \in X$ を持てば，e は X の最小元であることを示せ．

$(X, \leq)$ を順序集合とし，C を X の部分集合とする．C の上界の集合に最小元があれば，それを C の**最小上界** (least upper bound) あるいは**上限** (supremum) といい，$\sup C$ と書く．また，C の下界の集合に最大元があれば，それを C の**最大下界** (greatest lower bound) あるいは**下限** (infimum) といい，$\inf C$ と書く．

順序集合 $(X, \leq)$ の部分集合 C に対して，X の要素 a が C の上限であることは次の述語で表される．

$$\forall x \in C\,(x \leq a) \wedge \forall y \in X\,(\forall x \in C\,(x \leq y) \rightarrow a \leq y)$$

問 10.49. 順序集合 $(X, \leq)$ の部分集合 C に対して，X の要素 a が C の下限であることを表す述語を述べよ．

補題 10.50. 順序集合 $(X, \leq)$ の部分集合 C に対して，C の上限および下限はそれぞれ高々 1 つである．

証明 $a, b \in X$ を C の上限とする．a は C の上界の集合の最小元であり b は C の上界なので $a \leq b$．同様にして $b \leq a$．よって $a = b$．したがって，C の上限は高々 1 つ．下限も同様． □

例 10.51. 線形順序集合 $(\mathbb{Q}, \leq)$ において，$\{r \in \mathbb{Q} \mid r < 1\}$ の上限は 1（上界の集合 $\{r \mid 1 \leq r\}$ の最小元は 1）であり，$\{r \in \mathbb{Q} \mid \sqrt{2} \leq r\}$ の下限は存在しない（$\sqrt{2} \notin \mathbb{Q}$ であり下界の集合 $\{r \in \mathbb{Q} \mid r \leq \sqrt{2}\}$ に最大元は存在しない）．

例 10.52. 順序集合 $(\mathrm{Pow}(X), \subseteq)$ において，$A, B \in \mathrm{Pow}(X)$ に対して $A \cup B$ は $\{A, B\}$ の上限，$A \cap B$ は $\{A, B\}$ の下限である（補題 6.43 (3) および補題 7.8 (3) 参照）．

問 10.53. 集合 X 上のべき等，可換かつ結合的 2 項演算 $\bullet$ に対して，$\leq$ を $\bullet$ により誘導された X 上の順序とする．任意の $a, b \in X$ に対して，$a \bullet b$ は $\{a, b\}$ の上限であることを示せ．

問 10.54. A および B を順序集合 $(X, \leq)$ の部分集合とし，$A \subseteq B$ とする．A および B に上限 $\sup A$ および $\sup B$ が存在すれば，$\sup A \leq \sup B$ であることを示せ．

$(X, \leq)$ を順序集合とし，C を X の部分集合とする．C の要素 a が任意の $c \in C$ に対して $a \leq c$ ならば $c = a$，すなわち

$$a \in C \wedge \forall x \in C(a \leq x \to x = a)$$

であるとき a を C の**極大元** (maximal element)，任意の $c \in C$ に対して $c \leq a$ ならば $c = a$，すなわち

$$a \in C \wedge \forall x \in C(x \leq a \to x = a)$$

であるとき a を C の**極小元** (minimal element) とそれぞれいう．

例 10.55. 順序集合 $(X, \leq)$ の部分集合 C が最大元を持てばそれは極大元であり，最小元を持てばそれは極小元である．

問 10.56. 順序集合 $(\mathrm{Pow}(\{0,1\}), \subseteq)$ および部分集合 $C = \{\emptyset, \{0\}, \{1\}\}$ に対して，C の極大元をすべて挙げよ．また C には最大元が存在しないことを確かめよ．

10.4　有向完備順序集合

C を順序集合 $(X, \leq)$ の部分集合とする．任意の $a, b \in X$ に対して $a \leq b$ かつ

$a \in C$ ならば $b \in C$，すなわち

$$\forall x \in X \forall y \in X\,[(x \leq y \wedge x \in C) \to y \in C]$$

であるとき，C は**上に閉じている** (upward closed) といい，任意の $a, b \in X$ に対して $a \leq b$ かつ $b \in C$ ならば $a \in C$，すなわち

$$\forall x \in X \forall y \in X\,[(x \leq y \wedge y \in C) \to x \in C]$$

であるとき，C は**下に閉じている** (downward closed) という．C が要素を持ち，任意の $a, b \in C$ に対して $\{a, b\}$ が $\boldsymbol{C}$ **に上界**を持つ，すなわち

$$\exists x (x \in C) \wedge \forall x \in C \forall y \in C \exists z \in C\,(x \leq z \wedge y \leq z)$$

であるとき，C は**有向** (directed) であるという．C が下に閉じた有向部分集合であるとき，**イデアル** (ideal) という．

例 10.57. $(X, \leq)$ を順序集合とする．任意の $a \in X$ に対して，X の部分集合

$$\{x \in X \mid x \leq a\}$$

はイデアルである．

補題 10.58. $f : X \to Y$ を順序集合 $(X, \leq)$ から順序集合 $(Y, \leq')$ への単調写像とする．X の任意の有向部分集合 C に対して，C の f による像 $f(C)$ は Y の有向部分集合である．

証明 C を X の有向部分集合とする．C は要素 c を持つので，C の像 $f(C)$ は要素 $f(c)$ を持つ．任意の $a, b \in C$ に対して，C は有向部分集合なので，$\{a, b\}$ に上界 $c \in C$ が存在する，すなわち $a \leq c$ かつ $b \leq c$．f は単調写像なので，$f(a) \leq' f(c)$ および $f(b) \leq' f(c)$．よって，$\{f(a), f(b)\}$ は $f(C)$ に上界 $f(c)$ を持つ．したがって，$f(C)$ は Y の有向部分集合． □

順序集合 $(X, \leq)$ のすべての有向部分集合が上限を持つとき，$(X, \leq)$ を**有向完備** (directed complete) という．

命題 10.59. 順序集合 $(X, \leq)$ に対して，$\mathrm{Idl}(X)$ を X のイデアルの族，すなわち

$$\mathrm{Idl}(X) = \{C \in \mathrm{Pow}(X) \mid C \text{ はイデアル }\}$$

とする．このとき

1. 順序集合 $(\mathrm{Idl}(X), \subseteq)$ は有向完備である．
2. 写像 $j_X : X \to \mathrm{Idl}(X)$ を各 $a \in X$ に対して

$$j_X(a) = \{x \in X \mid x \leq a\}$$

　で定めれば，j_X は X から $\mathrm{Idl}(X)$ への埋め込みである．

3. 任意の $C \in \mathrm{Idl}(X)$ に対して，$\{j_X(a) \mid a \in C\}$ は $\mathrm{Idl}(X)$ の有向部分集合であり，

$$C = \sup\{j_X(a) \mid a \in C\} = \bigcup\{j_X(a) \mid a \in C\}.$$

証明　(1): D を $\mathrm{Idl}(X)$ の有向部分集合とする．$\bigcup D$ がイデアルであれば，補題 9.55 よりそれは D の上限である．

任意の $a, b \in X$ に対して，$a \leq b$ かつ $b \in \bigcup D$ ならば，ある $C \in D$ が存在して $b \in C$．C はイデアルであり下に閉じているので $a \in C$．よって $a \in \bigcup D$．したがって，$\bigcup D$ は下に閉じている．

D は $\mathrm{Idl}(X)$ の有向部分集合なので要素 $C \in D$ を持つ．C はイデアルであるので X の有向部分集合であり，要素 $a \in C$ を持つ．よって $a \in \bigcup D$．したがって，$\bigcup D$ は要素を持つ．任意の $a, b \in \bigcup D$ に対して，$a \in A$ および $b \in B$ となる $A, B \in D$ が存在する．D は $\mathrm{Idl}(X)$ の有向部分集合なので，ある $C \in D$ が存在して $A \subseteq C$ および $B \subseteq C$．よって，$a \in C$ および $b \in C$．C はイデアルであり X の有向部分集合なので，ある $c \in C$ が存在して $a \leq c$ および $b \leq c$．よって，$c \in \bigcup D$ より $\{a, b\}$ が $\bigcup D$ に上界 c を持つ．よって，$\bigcup D$ は X の有向部分集合．

したがって，$\bigcup D$ はイデアル．ゆえに，$(\mathrm{Idl}(X), \subseteq)$ は有向完備．

(2): 任意の $a, b \in X$ に対して，$a \leq b$ ならば $a \in j_X(b)$．$j_X(b)$ は下に閉

じているので $j_X(a) \subseteq j_X(b)$. また，$j_X(a) \subseteq j_X(b)$ ならば，$a \in j_X(a)$ より $a \in j_X(b)$. よって $a \leq b$. したがって，$j_X : X \to \mathrm{Idl}(X)$ は埋め込み.

(3): $C \in \mathrm{Idl}(X)$ とする. C は X の有向部分集合なので，補題 10.58 より $\{j_X(a) \mid a \in C\}$ は $\mathrm{Idl}(X)$ の有向部分集合. 任意の $a \in C$ に対して，C は下に閉じているので，$a \in j_X(a) \subseteq C$. よって

$$C = \{a \mid a \in C\} \subseteq \bigcup \{j_X(a) \mid a \in C\} \subseteq C. \qquad \square$$

順序集合 $(X, \leq)$ から順序集合 $(Y, \leq')$ への写像 $f : X \to Y$ は，X の任意の有向部分集合 D に対して，D が上限 $\sup D$ を持てばその像 $f(D)$ は上限 $\sup f(D)$ を持ち

$$\sup f(D) = f(\sup D)$$

であるとき**スコット連続** (Scott continuous) という.

注 10.60. 順序集合 $(X, \leq)$ から順序集合 $(Y, \leq')$ へのスコット連続写像 $f : X \to Y$ は単調写像である. 実際，任意の $a, b \in X$ に対して，$a \leq b$ ならば $\sup\{a, b\} = b$. よって

$$\sup\{f(a), f(b)\} = f(\sup\{a, b\}) = f(b).$$

したがって $f(a) \leq' f(b)$.

定理 10.61. $(X, \leq)$ を順序集合とし，$(Y, \leq')$ を有向完備順序集合とする. 任意の単調写像 $f : X \to Y$ に対して，次の図式を可換 $(\hat{f} \circ j_X = f)$ にするスコット連続写像 $\hat{f} : \mathrm{Idl}(X) \to Y$ が唯 1 つ存在する.

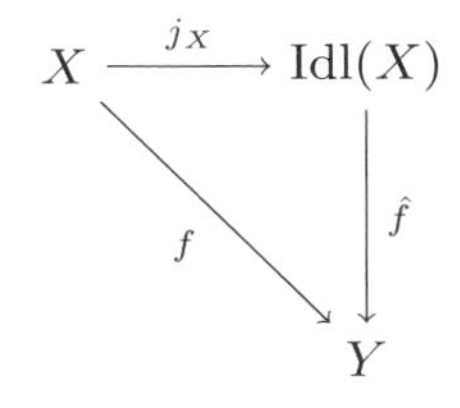

証明　$C \in \mathrm{Idl}(X)$ とする. このとき，C は X の有向部分集合なので，補題

10.58 より $f(C)$ は Y の有向部分集合．$(Y, \leq')$ は有向完備なので，$f(C)$ に上限 $\sup f(C)$ が存在する．各 $C \in \mathrm{Idl}(X)$ に対して

$$\hat{f}(C) = \sup f(C)$$

と定義すれば，写像 $\hat{f} : \mathrm{Idl}(X) \to Y$ が定まる．このとき，任意の $a \in X$ に対して，f は単調写像なので

$$(\hat{f} \circ j_X)(a) = \hat{f}(\{x \in X \mid x \leq a\}) = \sup f(\{x \in X \mid x \leq a\}) = f(a).$$

よって $f = \hat{f} \circ j_X$．また，$\hat{f} : \mathrm{Idl}(X) \to Y$ は単調写像である．実際，任意の $A, B \in \mathrm{Idl}(X)$ に対して，$A \subseteq B$ ならば $f(A) \subseteq f(B)$．よって，問 10.54 より

$$\hat{f}(A) = \sup f(A) \leq' \sup f(B) = \hat{f}(B).$$

$\mathrm{Idl}(X)$ の任意の有向部分集合 D に対して，補題 10.58 より $\hat{f}(D)$ は Y の有向部分集合であり，$(Y, \leq')$ が有向完備なので $\hat{f}(D)$ は上限 $\sup \hat{f}(D)$ を持つ．任意の $C \in D$ に対して，$C \subseteq \bigcup D$ より $f(C) \subseteq f(\bigcup D)$．よって，問 10.54 より

$$\hat{f}(C) = \sup f(C) \leq' \sup f(\bigcup D) = \hat{f}(\sup D).$$

よって，$\hat{f}(\sup D)$ は D の $\hat{f}$ による像 $\hat{f}(D)$ の上界．したがって

$$\sup \hat{f}(D) \leq' \hat{f}(\sup D).$$

任意の $a \in \bigcup D$ に対して，ある $C \in D$ が存在して $a \in C$．よって，$f(a) \in f(C)$ および $\hat{f}(C) \in \hat{f}(D)$ より

$$f(a) \leq' \sup f(C) = \hat{f}(C) \leq' \sup \hat{f}(D).$$

よって，$\sup \hat{f}(D)$ は $\bigcup D$ の f による像 $f(\bigcup D)$ の上界．したがって

$$\hat{f}(\sup D) = \sup f(\bigcup D) \leq' \sup \hat{f}(D).$$

ゆえに $\sup \hat{f}(D) = \hat{f}(\sup D)$．よって，$\hat{f}$ はスコット連続．

$h : \mathrm{Idl}(X) \to Y$ を $f = h \circ j_X$ となるスコット連続写像とする．任意の $C \in \mathrm{Idl}(X)$ に対して，命題 10.59 (3) より

$$
\begin{aligned}
h(C) &= h(\sup\{j_X(a) \mid a \in C\}) = \sup h(\{j_X(a) \mid a \in C\}) \\
&= \sup(\{(h \circ j_X)(a) \mid a \in C\}) = \sup(\{f(a) \mid a \in C\}) \\
&= \sup f(C) = \hat{f}(C).
\end{aligned}
$$

したがって，$f = h \circ j_X$ となるスコット連続写像 $h : \mathrm{Idl}(X) \to Y$ は唯 1 つ存在し，$h = \hat{f}$. □

第 11 章
圏論への誘い

数学，特に**圏論** (category theory) では定理 10.61 のようにある構成をそれを特徴づける抽象的な性質で述べることが多い．本章では，圏論の中心的な概念である普遍性を用いて定理 10.61 を捉えなおす．また，集合と写像のなす圏の構造を吟味し，それがトポスであることを示す．

11.1 普遍性

圏 (category) $\mathbf{C}$ は以下のものよりなる．

- **対象** (object) のクラス $\mathcal{O}_{\mathbf{C}}$．
- 各対象 X と Y に対して，対象 X から対象 Y への**射** (morphism) の集合 $\hom_{\mathbf{C}}(X,Y)$．$f \in \hom_{\mathbf{C}}(X,Y)$ であるとき，$f : X \to Y$ あるいは $X \xrightarrow{f} Y$ と書く．
- 各対象 X, Y と Z に対して，**合成** (composition) と呼ばれる写像

$$\circ : \hom_{\mathbf{C}}(Y,Z) \times \hom_{\mathbf{C}}(X,Y) \to \hom_{\mathbf{C}}(X,Z).$$

  $\langle g, f \rangle \in \hom_{\mathbf{C}}(Y,Z) \times \hom_{\mathbf{C}}(X,Y)$ に対して，$\circ(\langle g, f \rangle)$ を $g \circ f$ と書く．
- 各対象 X に対して，**恒等射** (identity) と呼ばれる射 $\mathrm{id}_X : X \to X$．

ここで合成と恒等射は次を満たす．

C1.　すべての射 $f : X \to Y$，$g : Y \to Z$ および $h : Z \to W$ に対して

$$h \circ (g \circ f) = (h \circ g) \circ f.$$

C2.　すべての射 $f : X \to Y$ に対して

$$f \circ \mathrm{id}_X = \mathrm{id}_Y \circ f = f.$$

例 11.1. 集合と関係は次のように（関係の）圏 $\mathbf{Rel}$ をなす．

- 対象のクラス $\mathcal{O}_{\mathbf{Rel}}$ はすべての集合のクラス $\{x \mid \top\}$,
- 各対象（集合）X と Y に対して射の集合 $\hom_{\mathbf{Rel}}(X, Y)$ は X から Y へのすべての関係の集合 $\mathrm{Pow}(X \times Y)$,
- 各対象（集合）X, Y と Z に対して，合成は関係の合成 $\circ$,
- 各対象（集合）X に対して，恒等射は対角集合 Δ_X.

このとき，命題 8.33 より (C1) および (C2) を満たす．

例 11.2. 集合と写像は次のように（集合の）圏 $\mathbf{Set}$ をなす，

- 対象のクラス $\mathcal{O}_{\mathbf{Set}}$ はすべての集合のクラス $\{x \mid \top\}$,
- 各対象（集合）X と Y に対して射の集合 $\hom_{\mathbf{Set}}(X, Y)$ は X から Y へのすべての写像の集合 Y^X,
- 各対象（集合）X, Y と Z に対して，合成は写像の合成 $\circ$,
- 各対象（集合）X に対して，恒等射は恒等写像 id_X.

このとき，命題 9.16 より (C1) および (C2) を満たす．

例 11.3. モノイド $(X, \bullet, e)$ は次のように圏 $\mathbf{M}_X$ をなす，

- 対象のクラス $\mathcal{O}_{\mathbf{M}_X}$ は一点集合 $\{\emptyset\}$,
- 射の集合 $\hom_{\mathbf{M}_X}(\emptyset, \emptyset)$ は X,
- 合成はモノイドの 2 項演算 $\bullet$,
- 恒等射はモノイドの単位元 e.

このとき，モノイドの定義より (C1) および (C2) を満たす．

例 11.4. 例 11.2 と同様に順序集合と単調写像は圏 $\mathbf{Pos}$ をなす．実際，順序集合 $(X, \leq_X)$，$(Y, \leq_Y)$ と $(Z, \leq_Z)$，および単調写像 $f : X \to Y$ と $g : Y \to Z$ において，すべての $x, y \in X$ に対して

$$x \leq_X y \to f(x) \leq_Y f(y) \to (g \circ f)(x) = g(f(x)) \leq_Z g(f(y)) = (g \circ f)(y)$$

なので，$g \circ f$ は単調写像．また，$\mathrm{id}_X : X \to X$ は明らかに単調写像．

例 11.5. 例 11.4 と同様に有向完備順序集合とスコット連続写像は圏 **Dcpo** をなす．実際，有向完備順序集合 $(X, \leq_X)$，$(Y, \leq_Y)$ と $(Z, \leq_Z)$，およびスコット連続写像 $f : X \to Y$ と $g : Y \to Z$ において，X のすべての有向部分集合 D に対して，D が上限 $\sup D$ を持てばその f による像 $f(D)$ は上限 $\sup f(D)$ を持ち，その g による像 $g(f(D)) = (g \circ f)(D)$ は上限 $\sup g(f(D)) = \sup(g \circ f)(D)$ を持つ．また

$$\sup(g \circ f)(D) = \sup g(f(D)) = g(\sup f(D)) = g(f(\sup D)) = (g \circ f)(\sup D)$$

なので，$g \circ f$ はスコット連続写像．また，$\mathrm{id}_X : X \to X$ は明らかにスコット連続写像．

例 11.6. 圏 $\mathbf{C}$ に対して，その**双対圏**（dual category あるいは opposite category）$\mathbf{C}^{\mathrm{op}}$ は以下で与えられる．

- 対象のクラス $\mathcal{O}_{\mathbf{C}^{\mathrm{op}}}$ は，$\mathbf{C}$ の対象のクラス $\mathcal{O}_{\mathbf{C}}$，
- 各対象 X と Y に対して射の集合 $\hom_{\mathbf{C}^{\mathrm{op}}}(X, Y)$ は，$\mathbf{C}$ の Y から X への射の集合 $\hom_{\mathbf{C}}(Y, X)$，
- 各対象 X, Y と Z に対して，合成 $\circ^{\mathrm{op}}$ を次のように定める．すべての射 $f : X \to Y$ と $g : Y \to Z$ に対して

$$g \circ^{\mathrm{op}} f = f \circ g.$$

  ここで $\circ$ は $\mathbf{C}$ における合成．
- 各対象（集合）X に対して，恒等射は $\mathbf{C}$ の恒等射 id_X．

このとき，(C1) および (C2) を満たすことは容易に示せる．

圏 $\mathbf{C}$ および $\mathbf{D}$ に対して，$\mathbf{C}$ から $\mathbf{D}$ への**関手** (functor) $F : \mathbf{C} \to \mathbf{D}$ は以下のものよりなる．

- $\mathbf{C}$ の各対象 X に対して，$\mathbf{D}$ の対象 $F(X)$,
- $\mathbf{C}$ の各射 $f : X \to Y$ に対して，$\mathbf{D}$ の射 $F(f) : F(X) \to F(Y)$.

ここで F は次を満たす.

1. $\mathbf{C}$ のすべての射 $f : X \to Y$ および $g : Y \to Z$ に対して
$$F(g \circ f) = F(g) \circ F(f).$$
2. $\mathbf{C}$ のすべての対象 X に対して
$$F(\mathrm{id}_X) = \mathrm{id}_{F(X)}.$$

例 11.7. **忘却関手** (forgetful functor) は，対象や射の構造や性質を忘却することにより定められる関手である.

1. $\mathbf{Set}$ の各対象 X に対して $U(X) = X$，および $\mathbf{Set}$ の各射 $f : X \to Y$ に対して $U(f) = f$ と定める．$\mathbf{Set}$ の対象は集合であり $\mathbf{Rel}$ の対象であること，$\mathbf{Set}$ の射は写像（関係）であり $\mathbf{Rel}$ の射であることに注意すれば，U が関手 $U : \mathbf{Set} \to \mathbf{Rel}$ を定めることは容易に示せる．U は忘却関手である.
2. $\mathbf{Pos}$ の各対象 X に対して $U(X, \leq) = X$，および $\mathbf{Pos}$ の各射 $f : X \to Y$ に対して $U(f) = f$ と定める．$\mathbf{Pos}$ の対象は（順序）集合であり $\mathbf{Set}$ の対象であること，$\mathbf{Pos}$ の射は（単調）写像であり $\mathbf{Set}$ の射であることに注意すれば，U が関手 $U : \mathbf{Pos} \to \mathbf{Set}$ を定めることは容易に示せる．U は忘却関手である.
3. $\mathbf{Dcpo}$ の各対象 X に対して $U(X, \leq) = (X, \leq)$，および $\mathbf{Dcpo}$ の各射 $f : X \to Y$ に対して $U(f) = f$ と定める．$\mathbf{Dcpo}$ の対象は（有向完備）順序集合であり $\mathbf{Pos}$ の対象であること，$\mathbf{Dcpo}$ の射はスコット連続写像であり（注 10.60 より単調写像であり）$\mathbf{Pos}$ の射であることに注意すれば，U が関手 $U : \mathbf{Dcpo} \to \mathbf{Pos}$ を定めることは容易に示せる．U は忘却関手である.

圏 $\mathbf{C}$ から圏 $\mathbf{D}$ への関手 $F : \mathbf{C} \to \mathbf{D}$ および $\mathbf{D}$ の対象 X に対して，$\mathbf{C}$ の対象

A と $\mathbf{D}$ の射 $u : X \to F(A)$ が次の**普遍性** (universal property) を満たすとき，組 (A, u) を X から F への**普遍射** (universal morphism) という．

- $\mathbf{C}$ の任意の対象 Y と $\mathbf{D}$ の任意の射 $f : X \to F(Y)$ に対して，次の図式を可換 $(F(h) \circ u = f)$ にする $\mathbf{C}$ の射 $h : A \to Y$ が唯 1 つ存在する．

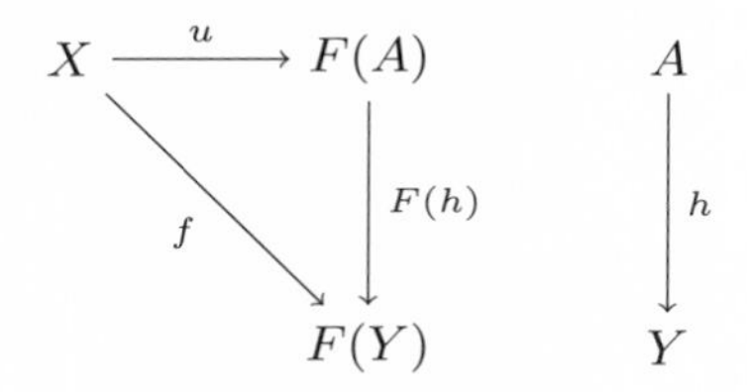

これらの概念を用いれば定理 10.61 は，次のように述べることができる．

定理 11.8. $U : \mathbf{Dcpo} \to \mathbf{Pos}$ を $\mathbf{Dcpo}$ から $\mathbf{Pos}$ への忘却関手とし，X を $\mathbf{Pos}$ の対象とする．$\mathbf{Dcpo}$ の任意の対象 Y と $\mathbf{Pos}$ の任意の射 $f : X \to U(Y)$ に対して，次の図式を可換 $(U(\hat{f}) \circ j_X = f)$ にする $\mathbf{Dcpo}$ の射 $\hat{f} : \mathrm{Idl}(X) \to Y$ が唯 1 つ存在する．

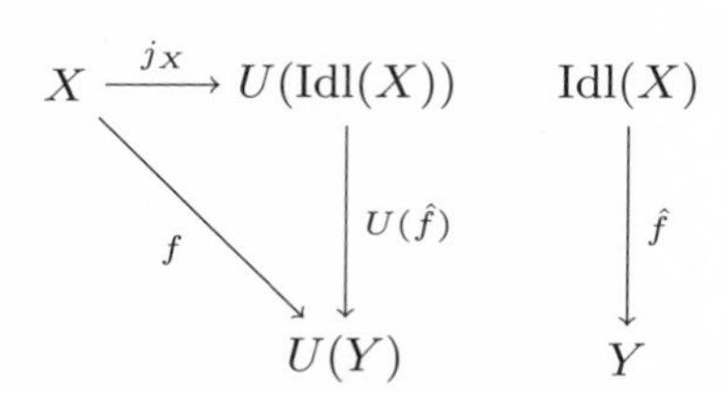

すなわち，組 $(\mathrm{Idl}(X), j_X)$ は X から U への普遍射である．

11.2　集合の圏

圏 $\mathbf{C}$ の射 $f : X \to Y$ は，すべての射 $g, h : Z \to X$ に対して $f \circ g = f \circ h$ ならば $g = h$ であるとき，**モニック** (monic) という．

注 11.9. 定理 9.33 より，$\mathbf{Set}$ において射 $f : X \to Y$ がモニックであるためには f が単射であることが必要十分である．

圏 $\mathbf{C}$ の射 $f : X \to Y$ は，その**双対** (dual) がモニック（双対圏 $\mathbf{C}^{\mathrm{op}}$ において射 $f : Y \to X$ がモニック）であるとき**エピック** (epic) という．すなわち，すべての射 $g, h : Y \to Z$ に対して $g \circ f = h \circ f$ ならば $g = h$ であるとき，f はエピックである．

注 11.10. 定理 9.32 より，$\mathbf{Set}$ において射 $f : X \to Y$ がエピックであるためには f が全射であることが必要十分である．

$\mathbf{Set}$ における命題 9.30 は，一般の圏 $\mathbf{C}$ に対して次のように示せる．

補題 11.11. 圏 $\mathbf{C}$ の射 $f : X \to Y$ および $g : Y \to X$ に対して $g \circ f = \mathrm{id}_X$ ならば，f はモニックかつ g はエピックである．

証明 $g \circ f = \mathrm{id}_X$ と仮定する．すべての射 $h, h' : Z \to X$ に対して，$f \circ h = f \circ h'$ ならば

$$
\begin{aligned}
h &= \mathrm{id}_X \circ h = (g \circ f) \circ h = g \circ (f \circ h) = g \circ (f \circ h') = (g \circ f) \circ h' \\
&= \mathrm{id}_X \circ h' = h'.
\end{aligned}
$$

よって，f はモニック．また，すべての射 $h, h' : X \to Z$ に対して，$h \circ g = h' \circ g$ ならば

$$
\begin{aligned}
h &= h \circ \mathrm{id}_X = h \circ (g \circ f) = (h \circ g) \circ f = (h' \circ g) \circ f = h' \circ (g \circ f) \\
&= h' \circ \mathrm{id}_X = h'.
\end{aligned}
$$

よって，g はエピック． □

圏 $\mathbf{C}$ の射 $f : X \to Y$ は，$g \circ f = \mathrm{id}_X$ および $f \circ g = \mathrm{id}_Y$ となる射 $g : Y \to X$ が存在するとき，**可逆** (invertible) という．このとき，g を f の**逆射** (inverse) といい，f^{-1} で表す．圏 $\mathbf{C}$ の対象 X と Y は，可逆な射 $f : X \to Y$ が存在するとき，**同型** (isomorphic) であるといい，$X \simeq Y$ と書く．

補題 11.12. 圏 $\mathbf{C}$ の射 $f : X \to Y$ は可逆ならば，モニックかつエピックである．

証明　補題 11.11 よりただちに導ける． □

注 11.13. **Set** の射 $f : X \to Y$ はモニックかつエピック，すなわち全単射であるとき（写像 $f^{-1} : Y \to X$ が定まるので）可逆であるが，一般の圏 $\mathbf{C}$ ではモニックかつエピックであっても可逆とは限らない．

圏 $\mathbf{C}$ の対象 1 は，$\mathbf{C}$ の各対象 X に対して唯 1 つの射 $!_X : X \to 1$ が存在するとき，**終対象** (terminal object) という．

命題 11.14. **Set** は終対象を持つ．

証明　$1 = \{\emptyset\}$ とすれば，各対象 X に対して $\hom(X, 1) = 1^X = \{X \times 1\}$ であり，唯 1 つの射 $!_X = X \times 1 : X \to 1$ が存在する（例 9.5 参照）． □

圏 $\mathbf{C}$ の対象 0 は，その双対が終対象（双対圏 $\mathbf{C}^{\mathrm{op}}$ において対象 0 が終対象）であるとき**始対象** (initial object) という．すなわち，$\mathbf{C}$ の各対象 X に対して唯 1 つの射 $0 \to X$ が存在するとき，0 は始対象である．

命題 11.15. **Set** は始対象を持つ．

証明　$0 = \emptyset$ とすれば，各対象 X に対して $\hom(0, X) = X^{\emptyset} = \{\emptyset\}$ であり，唯 1 つの射 $\emptyset : 0 \to X$ が存在する（注 9.4 参照）． □

注 11.16. 圏 **Rel** において，各対象 X に対して

$$\mathrm{Pow}(X \times \emptyset) = \mathrm{Pow}(\emptyset \times X) = \mathrm{Pow}(\emptyset) = \{\emptyset\}$$

であり，射 $\emptyset : X \to \emptyset$ および射 $\emptyset : \emptyset \to X$ がそれぞれ唯 1 つ存在する．したがって，$\emptyset$ は **Rel** の終対象かつ始対象である．

圏 $\mathbf{C}$ の対象 X と Y に対して，射 $\pi_0 : X \times Y \to X$ および $\pi_1 : X \times Y \to Y$ を伴う対象 $X \times Y$ が次の普遍性を満たすとき，$X \times Y$ を X と Y の**積** (product) という．

- すべての射 $f : Z \to X$ と $g : Z \to Y$ に対して次の図式を可換（$\pi_0 \circ \langle f, g \rangle = f$ かつ $\pi_1 \circ \langle f, g \rangle = g$）にする射 $\langle f, g \rangle : Z \to X \times Y$ が唯 1 つ存在する．

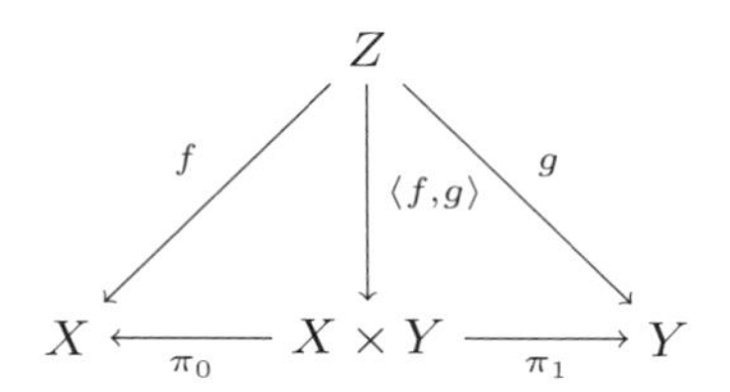

圏 $\mathbf{C}$ においてすべての対象 X と Y に積 $X \times Y$ が存在するとき，$\mathbf{C}$ は積を持つという．

注 11.17. 圏 $\mathbf{C}$ の対象 X と Y が積 $X \times Y$ を持つとき，$\langle \pi_0, \pi_1 \rangle = \mathrm{id}_{X \times Y}$ である．実際，$\pi_0 \circ \mathrm{id}_{X \times Y} = \pi_0$ および $\pi_1 \circ \mathrm{id}_{X \times Y} = \pi_1$ なので，射 $\langle \pi_0, \pi_1 \rangle : X \times Y \to X \times Y$ の一意性より $\langle \pi_0, \pi_1 \rangle = \mathrm{id}_{X \times Y}$．

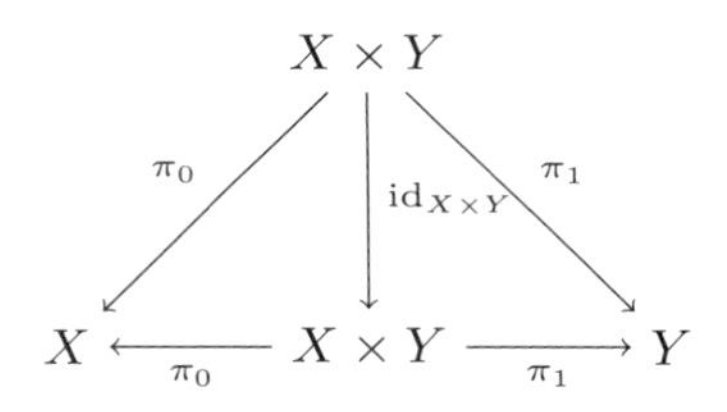

注 11.18. 圏 $\mathbf{C}$ が積を持てば，射 $f : X \to X'$ および $g : Y \to Y'$ に対して $f \times g = \langle f \circ \pi_0, g \circ \pi_1 \rangle$ と置けば，$\pi_0 \circ (f \times g) = f \circ \pi_0$ および $\pi_1 \circ (f \times g) = g \circ \pi_1$ となる射 $f \times g : X \times Y \to X' \times Y'$ が唯 1 つ存在する．

$$\begin{array}{ccccc} X & \xleftarrow{\pi_0} & X \times Y & \xrightarrow{\pi_1} & Y \\ \downarrow{\scriptstyle f} & & \downarrow{\scriptstyle f \times g} & & \downarrow{\scriptstyle g} \\ X' & \xleftarrow[\pi_0]{} & X' \times Y' & \xrightarrow[\pi_1]{} & Y' \end{array}$$

命題 11.19. **Set** は積を持つ．

証明　集合 X および Y に対して，$X \times Y$ を X と Y の直積集合，$\pi_0 : X \times Y \to X$ および $\pi_1 : X \times Y \to Y$ を射影とする（例 9.22 参照）．写像 $f : Z \to X$ および $g : Z \to Y$ に対して写像 $\langle f, g \rangle : Z \to X \times Y$ を，各 $c \in Z$ に対して

$$\langle f,g\rangle(c)=\langle f(c),g(c)\rangle$$

で定める．このとき，任意の $c\in Z$ に対して

$$(\pi_0\circ\langle f,g\rangle)(c)=\pi_0(\langle f,g\rangle(c))=\pi_0(\langle f(c),g(c)\rangle)=f(c)$$

および

$$(\pi_1\circ\langle f,g\rangle)(c)=\pi_1(\langle f,g\rangle(c))=\pi_1(\langle f(c),g(c)\rangle)=g(c)$$

より，$\pi_0\circ\langle f,g\rangle=f$ かつ $\pi_1\circ\langle f,g\rangle=g$．今，$h:Z\to X\times Y$ を $\pi_0\circ h=f$ および $\pi_1\circ h=g$ となる写像とする．任意の $c\in Z$ に対して

$$h(c)=\langle\pi_0(h(c)),\pi_1(h(c))\rangle=\langle f(c),g(c)\rangle=\langle f,g\rangle(c).$$

よって $h=\langle f,g\rangle$．したがって，$\pi_0\circ\langle f,g\rangle=f$ かつ $\pi_1\circ\langle f,g\rangle=g$ となる写像 $\langle f,g\rangle:Z\to X\times Y$ は唯 1 つ．　□

Set における補題 9.41 は，一般の圏 **C** に対して次のように示せる．

補題 11.20. 圏 **C** が終対象および積を持てば，すべての対象 X に対して $X\simeq 1\times X$ である．

証明　$h=\langle !_X,\mathrm{id}_X\rangle:X\to 1\times X$ と置く．このとき，h の定義より $\pi_1\circ h=\mathrm{id}_X$．また，1 は終対象なので $\pi_0=!_{1\times X}=!_X\circ\pi_1$．よって

$$\pi_0\circ(h\circ\pi_1)=(\pi_0\circ h)\circ\pi_1=!_X\circ\pi_1=\pi_0$$

および

$$\pi_1\circ(h\circ\pi_1)=(\pi_1\circ h)\circ\pi_1=\mathrm{id}_X\circ\pi_1=\pi_1.$$

したがって，注 11.17 より $h\circ\pi_1=\langle\pi_0,\pi_1\rangle=\mathrm{id}_{1\times X}$．よって，$h$ は可逆．ゆえに $X\simeq 1\times X$.

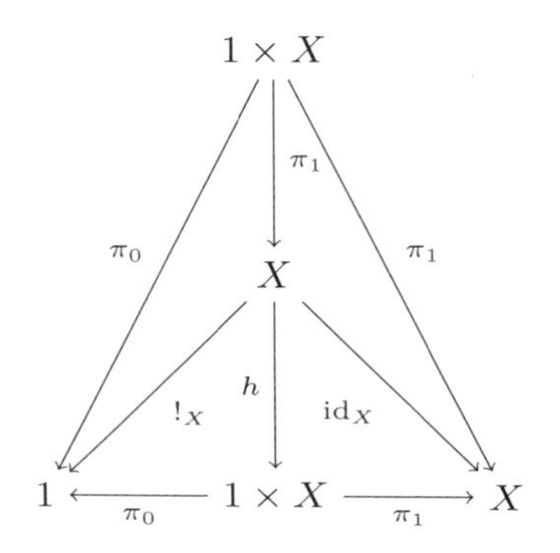

□

圏 $\mathbf{C}$ の対象 X と Y に対して対象 $X+Y$ は，その双対が積（双対圏 $\mathbf{C}^{\mathrm{op}}$ において対象 $X+Y$ が X と Y の積）であるとき**余積** (coproduct) という．すなわち，射 $\iota_0 : X \to X+Y$ および $\iota_1 : Y \to X+Y$ を伴う対象 $X+Y$ が次の普遍性を満たすとき，$X+Y$ を X と Y の余積という．

- すべての射 $f : X \to Z$ と $g : Y \to Z$ に対して次の図式を可換（$[f,g] \circ \iota_0 = f$ かつ $[f,g] \circ \iota_1 = g$）にする射 $[f,g] : X+Y \to Z$ が唯 1 つ存在する．

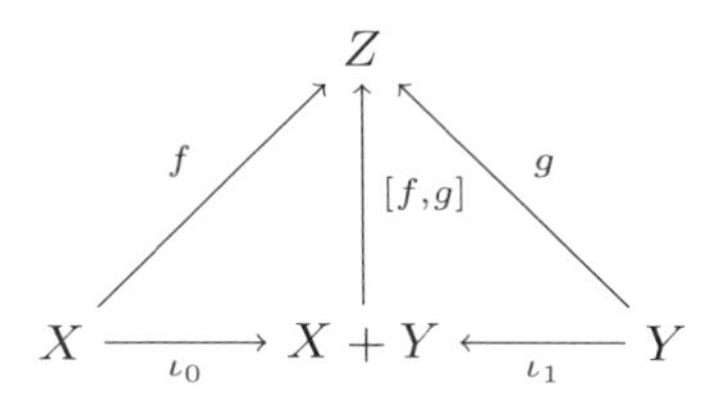

圏 $\mathbf{C}$ においてすべての対象 X と Y に余積 $X+Y$ が存在するとき，$\mathbf{C}$ は余積を持つという．

命題 11.21. **Set** は余積を持つ．

証明 集合 X および Y に対して，$X+Y$ を X と Y の直和，$\iota_0 : X \to X+Y$ および $\iota_1 : Y \to X+Y$ を標準的単射とする（例 9.25 参照）．写像 $f : X \to Z$ および $g : Y \to Z$ に対して写像 $[f,g] : X+Y \to Z$ を，各 $c \in X+Y$ に対して

$$[f,g](c) = \begin{cases} f(a) & c = \langle 0, a\rangle \text{ のとき}, \\ g(b) & c = \langle 1, b\rangle \text{ のとき} \end{cases}$$

で定める．このとき，任意の $a \in X$ に対して

$$([f,g] \circ \iota_0)(a) = [f,g](\iota_0(a)) = [f,g](\langle 0, a\rangle) = f(a).$$

また，任意の $b \in Y$ に対して

$$([f,g] \circ \iota_1)(b) = [f,g](\iota_1(b)) = [f,g](\langle 1, b\rangle) = g(b).$$

よって，$[f,g] \circ \iota_0 = f$ かつ $[f,g] \circ \iota_1 = g$．今，$h : X + Y \to Z$ を $h \circ \iota_0 = f$ および $h \circ \iota_1 = g$ となる写像とする．任意の $c \in X + Y$ に対して，$c = \langle 0, a\rangle$ のとき

$$h(c) = h(\langle 0, a\rangle) = h(\iota_0(a)) = (h \circ \iota_0)(a) = f(a) = [f,g](c),$$

$c = \langle 1, b\rangle$ のとき，同様にして $h(c) = [f,g](c)$．よって $h = [f,g]$．したがって，$[f,g] \circ \iota_0 = f$ かつ $[f,g] \circ \iota_1 = g$ となる写像 $[f,g] : X + Y \to Z$ は唯 1 つ．　□

Set における問 9.42 は，一般の圏 $\mathbf{C}$ に対して次のように示せる．

補題 11.22. 圏 $\mathbf{C}$ が始対象および余積を持てば，すべての対象 X に対して $X \simeq 0 + X$ である．

証明　補題 11.20 の証明の双対より導ける．　□

圏 $\mathbf{C}$ の射 $f, g : X \to Y$ に対して，$f \circ e = g \circ e$ となる射 $e : E \to X$ が次の普遍性を満たすとき，$e : E \to X$ を $f, g : X \to Y$ の**イコライザ** (equaliser) という．

- $f \circ h = g \circ h$ となるすべての射 $h : Z \to X$ に対して次の図式を可換 ($e \circ k = h$) にする射 $k : Z \to E$ が唯 1 つ存在する．

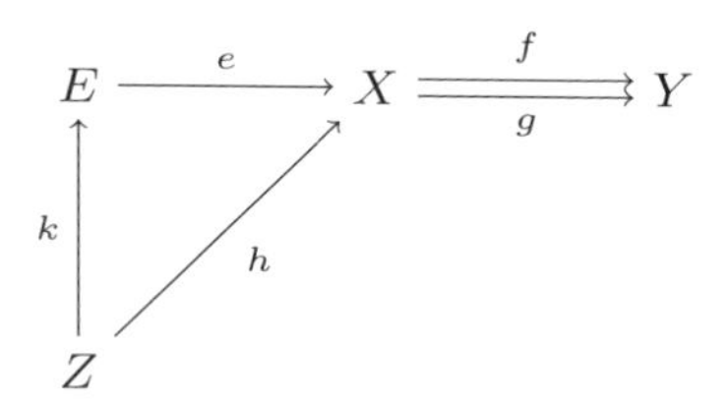

圏 $\mathbf{C}$ においてすべての射 $f, g : X \to Y$ にイコライザが存在するとき，$\mathbf{C}$ はイコライザを持つという．

注 11.23. 圏 $\mathbf{C}$ において，$f, g : X \to Y$ のイコライザ $e : E \to X$ はモニックである．実際，任意の射 $f', g' : Z \to E$ に対して $e \circ f' = e \circ g'$ ならば，$h = e \circ f' = e \circ g' : Z \to X$ と置けば

$$f \circ h = f \circ (e \circ f') = (f \circ e) \circ f' = (g \circ e) \circ f' = g \circ (e \circ f') = g \circ h$$

より $e \circ k = h$ となる $k : Z \to E$ が唯 1 つ存在する．したがって，$f' = k = g'$.

命題 11.24. $\mathbf{Set}$ はイコライザを持つ．

証明 写像 $f, g : X \to Y$ に対して，集合 E および写像 $e : E \to X$ を

$$E = \{x \in X \mid f(x) = g(x)\} \subseteq X$$

および $e = i_E$（例 9.23 参照）で定める．$h : Z \to X$ を $f \circ h = g \circ h$ となる写像とする．任意の $c \in Z$ に対して

$$f(h(c)) = (f \circ h)(c) = (g \circ h)(c) = g(h(c))$$

より，$h(c) \in E$. 写像 $k : Z \to E$ を，各 $c \in Z$ に対して $k(c) = h(c)$ で定める．このとき，任意の $c \in Z$ に対して

$$(e \circ k)(c) = e(k(c)) = i_E(h(c)) = h(c)$$

より，$e \circ k = h$. 今，$k' : Z \to E$ を $e \circ k' = h$ となる写像とすれば，任意の $c \in Z$ に対して

$$k(c) = h(c) = (e \circ k')(c) = (i_E \circ k')(c) = i_E(k'(c)) = k'(c)$$

より，$k = k'$．したがって，$e \circ k = h$ となる写像 $k : Z \to E$ は唯 1 つ．□

イコライザの双対を**コイコライザ** (coequaliser) という．すなわち，圏 $\mathbf{C}$ の射 $f, g : X \to Y$ に対して，$e \circ f = e \circ g$ となる射 $e : Y \to E$ が次の普遍性を満たすとき，$e : Y \to E$ を $f, g : X \to Y$ のコイコライザという．

- $h \circ f = h \circ g$ となるすべての射 $h : Y \to Z$ に対して次の図式を可換 ($k \circ e = h$) にする射 $k : E \to Z$ が唯 1 つ存在する．

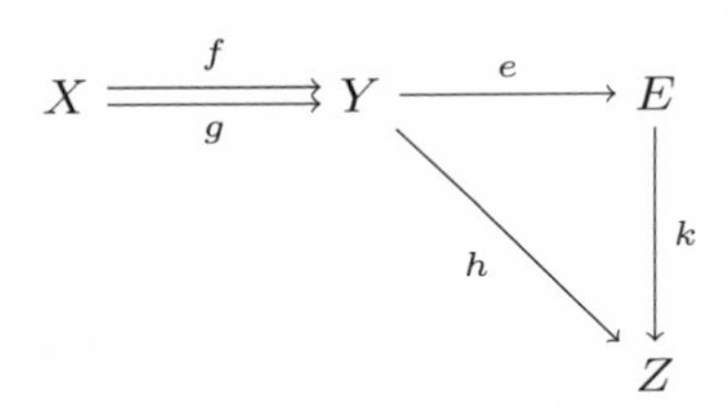

圏 $\mathbf{C}$ においてすべての射 $f, g : X \to Y$ にコイコライザが存在するとき，$\mathbf{C}$ はコイコライザを持つという．

注 11.25. 圏 $\mathbf{C}$ において，$f, g : X \to Y$ のコイコライザ $e : Y \to E$ はエピックである（注 11.23 の双対）．

命題 11.26. **Set** はコイコライザを持つ．

証明　写像 $f, g : X \to Y$ に対して，Y 上の 2 項関係 R を

$$R = \{\langle f(x), g(x) \rangle \in Y \times Y \mid x \in X\}$$

で定め，E_R を R を含む Y 上の最小の同値関係とする（定理 10.26 参照）．$E = Y/\mathsf{E}_R$（Y の E_R に関する商集合）とし，$e = q_{\mathsf{E}_R} : Y \to E$（標準的全射）とする．$h : Y \to Z$ を $h \circ f = h \circ g$ となる写像とする．Y 上の同値関係 Q を

$$Q = \{\langle y, y' \rangle \in Y \times Y \mid h(y) = h(y')\}$$

で定めれば（例 10.20 参照），任意の $a \in X$ に対して

$$h(f(a)) = (h \circ f)(a) = (h \circ g)(a) = h(g(a))$$

より $\langle f(a), g(a)\rangle \in Q$. よって $R \subseteq Q$. E_R は R を含む Y 上の最小の同値関係なので，$\mathsf{E}_R \subseteq Q$. したがって，任意の $b, b' \in Y$ に対して $b \,\mathsf{E}_R\, b'$ ならば，$b \,Q\, b'$ より $h(b) = h(b')$. したがって，$h : Y \to Z$ は同値関係 E_R と両立する．よって，補題 10.28 より写像 $k = \tilde{h} : E \to Z$ はウェル・ディファインド．また，任意の $b \in Y$ に対して

$$(k \circ e)(b) = k(e(b)) = k([b]_{\mathsf{E}_R}) = \tilde{h}([b]_{\mathsf{E}_R}) = h(b)$$

より，$k \circ e = h$. 今，$k' : E \to Z$ を $k' \circ e = h$ となる写像とすれば，任意の $[b]_{\mathsf{E}_R} \in E$ に対して

$$k([b]_{\mathsf{E}_R}) = \tilde{h}([b]_{\mathsf{E}_R}) = h(b) = (k' \circ e)(b) = k'(e(b)) = k'([b']_{\mathsf{E}_R})$$

より，$k = k'$. したがって，$k \circ e = h$ となる写像 $k : E \to Z$ は唯 1 つ． □

11.3 トポス

積を持つ圏 $\mathbf{C}$ において，対象 X と Y に対して射 $\mathrm{ev}_{X,Y} : Y^X \times X \to Y$ を伴う対象 Y^X が次の普遍性を満たすとき，Y^X を X と Y の**指数対象** (exponential object) という．

- すべての射 $g : Z \times X \to Y$ に対して次の図式を可換 $(\mathrm{ev}_{X,Y} \circ (\hat{g} \times \mathrm{id}_X) = g)$ にする射 $\hat{g} : Z \to Y^X$ が唯 1 つ存在する．

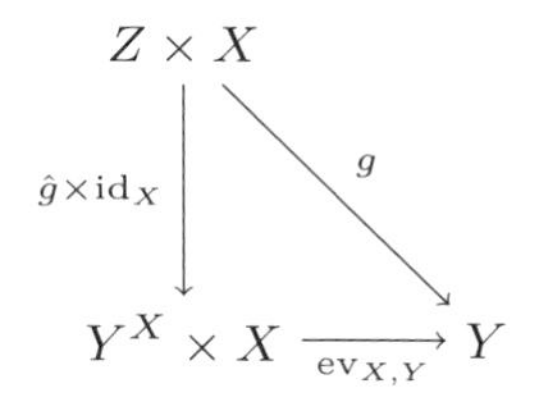

積を持つ圏 $\mathbf{C}$ においてすべての対象 X と Y に対して指数対象 Y^X が存在するとき，$\mathbf{C}$ は指数対象を持つという．

命題 11.27. **Set** は指数対象を持つ.

証明　集合 X と Y に対して，Y^X を X から Y への写像全体の集合とし，写像 $\mathrm{ev}_{X,Y} : Y^X \times X \to Y$ を各 $\langle f, a \rangle \in Y^X \times X$ に対して

$$\mathrm{ev}_{X,Y}(\langle f, a \rangle) = f(a)$$

で定める．写像 $g : Z \times X \to Y$ と $c \in Z$ に対して，写像 $g_c : X \to Y$ を各 $a \in X$ に対して $g_c(a) = g(\langle c, a \rangle)$ で定めれば，$g_c \in Y^X$．写像 $\hat{g} : Z \to Y^X$ を $\hat{g}(c) = g_c$ で定める．このとき，任意の $c \in Z$ および任意の $a \in X$ に対して

$$\begin{aligned}(\mathrm{ev}_{X,Y} \circ (\hat{g} \times \mathrm{id}_X))(\langle c, a \rangle) &= \mathrm{ev}_{X,Y}((\hat{g} \times \mathrm{id}_X)(\langle c, a \rangle)) = \mathrm{ev}_{X,Y}(\langle \hat{g}(c), a \rangle) \\ &= \mathrm{ev}_{X,Y}(\langle g_c, a \rangle) = g_c(a) = g(\langle c, a \rangle)\end{aligned}$$

より，$\mathrm{ev}_{X,Y} \circ (\hat{g} \times \mathrm{id}_X) = g$．今，$h : Z \to Y^X$ を $\mathrm{ev}_{X,Y} \circ (h \times \mathrm{id}_X) = g$ となる写像とする．任意の $c \in Z$ および任意の $a \in X$ に対して

$$\begin{aligned}g_c(a) &= g(\langle c, a \rangle) = (\mathrm{ev}_{X,Y} \circ (h \times \mathrm{id}_X))(\langle c, a \rangle) \\ &= \mathrm{ev}_{X,Y}((h \times \mathrm{id}_X)(\langle c, a \rangle)) = \mathrm{ev}_{X,Y}(\langle h(c), a \rangle) = (h(c))(a)\end{aligned}$$

より $\hat{g}(c) = g_c = h(c)$．$c \in Z$ は任意なので $\hat{g} = h$．したがって，$\mathrm{ev}_{X,Y} \circ (\hat{g} \times \mathrm{id}_X) = g$ となる写像 $\hat{g} : Z \to Y^X$ は唯1つ．□

圏 **C** が終対象，積および指数対象を持つとき**カーテジアン・クローズド** (cartesian closed) という．命題 11.14，命題 11.19 および命題 11.27 より，次の定理が成り立つ．

定理 11.28. **Set** はカーテジアン・クローズドである.

図式

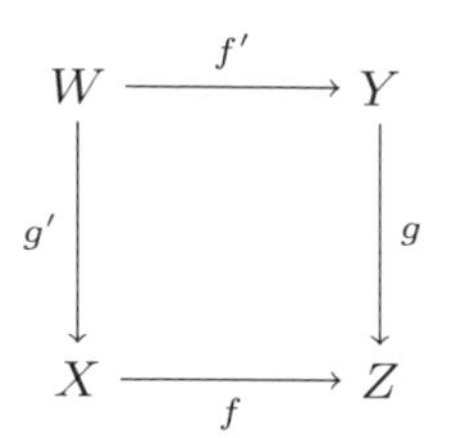

は可換 $(f \circ g' = g \circ f')$ で次の普遍性を満たすとき，**プルバック・スクエア** (pull-back square) という．

- $f \circ h = g \circ j$ となるすべての射 $h : V \to X$ と $j : V \to Y$ に対して以下の図式を可換（$g' \circ k = h$ かつ $f' \circ k = j$）にする射 $k : V \to W$ が唯1つ存在する．

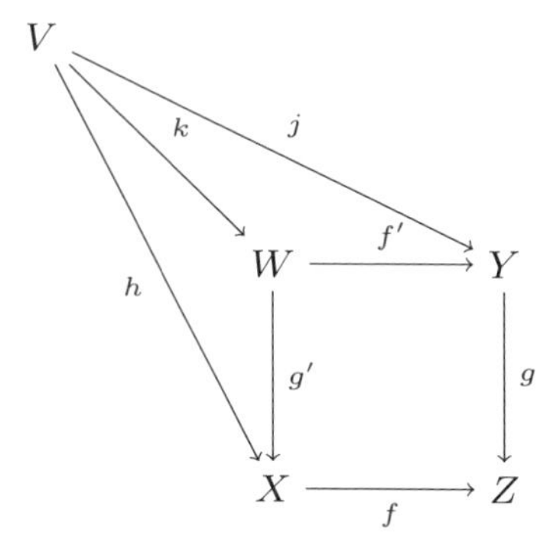

終対象を持つ圏 $\mathbf{C}$ において，射 $\top : 1 \to \Omega$ を伴う対象 Ω が次の普遍性を満たすとき，**サブオブジェクト・クラシファイア** (subobject classifier) という．

- すべてのモニック射 $f : X \to Y$ に対して次の図式をプルバック・スクエアにする射 $\chi_f : Y \to \Omega$ が唯1つ存在する．

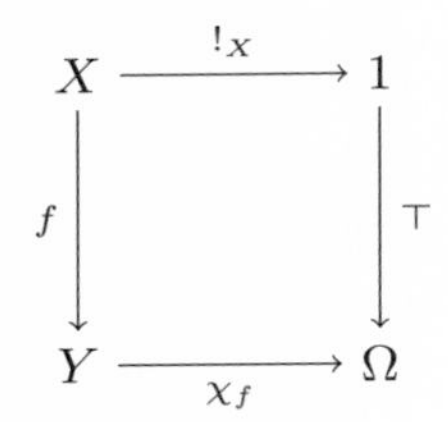

命題 11.29. **Set** はサブオブジェクト・クラシファイアを持つ.

証明　$\Omega = \mathrm{Pow}(\{\emptyset\})$ とし，$1 = \{\emptyset\}$ に注意して写像 $\top : 1 \to \Omega$ を

$$\top(\emptyset) = \{\emptyset\}$$

で定める.

単射 $f : X \to Y$ に対して $\chi_f = \chi_{f(X)} : Y \to \Omega$（例 9.11）と置けば，任意の $a \in X$ に対して，注 9.9 より

$$\begin{aligned}(\chi_f \circ f)(a) &= \chi_f(f(a)) = \chi_{f(X)}(f(a)) = [\![f(a) \in f(X)]\!] = \{\emptyset\} \\ &= \top(\emptyset) = \top(!_X(a)) = (\top \circ !_X)(a)\end{aligned}$$

なので，$\chi_f \circ f = \top \circ !_X$．また，$h : V \to Y$ および $j : V \to 1$ を $\chi_f \circ h = \top \circ j$ となる写像とする．このとき，1 は終対象なので $j = !_V$．任意の $b \in h(V)$ に対して，ある $c \in V$ が存在して $b = h(c)$.

$$\begin{aligned}[\![b \in f(X)]\!] &= [\![h(c) \in f(X)]\!] = \chi_{f(X)}(h(c)) = \chi_f(h(c)) = (\chi_f \circ h)(c) \\ &= (\top \circ j)(c) = \top(j(c)) = \top(\emptyset) = \{\emptyset\}\end{aligned}$$

なので，注 9.9 より $b \in f(X)$．よって，$h(V) \subseteq f(X)$．したがって，h は写像 $h : V \to f(X)$ を与える（例 9.7 参照）．f は単射なので $f^\dagger : X \to f(X)$ は全単射であり，${f^\dagger}^{-1} \circ f = \mathrm{id}_X$ かつ $f \circ {f^\dagger}^{-1} = \mathrm{id}_{f(X)}$（注 9.39 参照）．写像 $k : V \to X$ を

$$k = {f^\dagger}^{-1} \circ h$$

で定めれば，

$$f \circ k = f \circ (f^{\dagger^{-1}} \circ h) = (f \circ f^{\dagger^{-1}}) \circ h = \mathrm{id}_{f(X)} \circ h = h$$

および $!_X \circ k = !_V = j$．今，$k' : V \to X$ を $f \circ k' = h$ かつ $!_X \circ k' = j$ となる写像とする．このとき，

$$k' = \mathrm{id}_X \circ k' = (f^{\dagger^{-1}} \circ f) \circ k' = f^{\dagger^{-1}} \circ (f \circ k') = f^{\dagger^{-1}} \circ h = k.$$

したがって，図式

$$\begin{array}{ccc} X & \xrightarrow{\ !_X\ } & 1 \\ {\scriptstyle f}\downarrow & & \downarrow{\scriptstyle \top} \\ Y & \xrightarrow[\ \chi_f\ ]{} & \Omega \end{array} \qquad (*)$$

はプルバック・スクエアである．

次の図式をプルバック・スクエアとし，$\chi = \chi_f$ を示す．

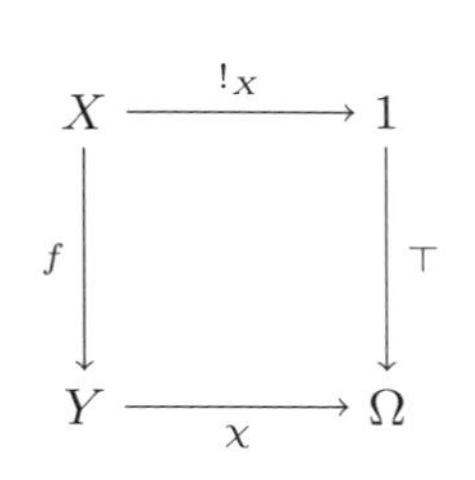

$b \in Y$ に対して，$\emptyset \in \chi_{f(X)}(b) = [\![b \in f(X)]\!]$ ならば，補題 9.8 (1) より $b \in f(X)$．よって，$b = f(a)$ となる $a \in X$ が存在する．したがって

$$\begin{aligned} \emptyset \in \chi_{f(X)}(b) &= \chi_f(b) = \chi_f(f(a)) = (\chi_f \circ f)(a) \\ &= (\top \circ !_X)(a) = (\chi \circ f)(a) = \chi(f(a)) = \chi(b). \end{aligned}$$

よって，$\emptyset \in \chi_{f(X)}(b)$ ならば $\emptyset \in \chi(b)$．逆に

$$V = \{y \in Y \mid \chi(y) = \{\emptyset\}\}$$

と置くと，任意の $c \in V$ に対して

$$(\chi \circ i_V)(c) = \chi(i_V(c)) = \chi(c) = \{\emptyset\} = \top(\emptyset) = \top(!_V(c)) = (\top \circ !_V)(c)$$

（例 9.23 参照）なので，$\chi \circ i_V = \top \circ !_V$．よって，$f \circ k = i_V$ かつ $!_X \circ k = !_V$ となる $k : V \to X$ が唯 1 つ存在する．

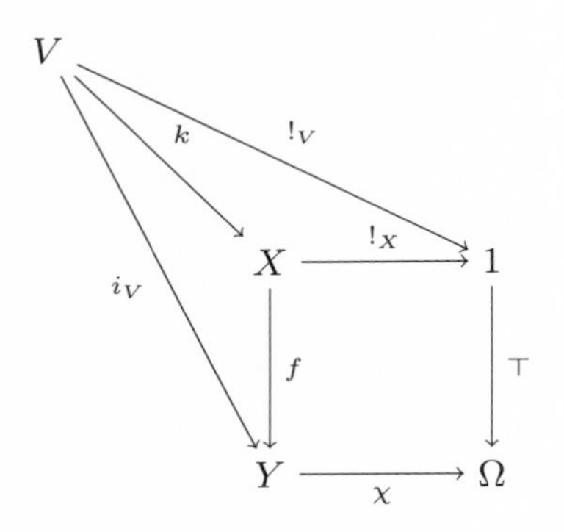

$b \in Y$ に対して，$\emptyset \in \chi(b)$ ならば，補題 7.43 (3) より $\chi(b) = \{\emptyset\}$．したがって $b \in V$．よって

$$b = i_V(b) = (f \circ k)(b) = f(k(b)) \in f(X).$$

したがって，補題 9.8 (1) より $\emptyset \in [\![b \in f(X)]\!] = \chi_{f(X)}(b)$．よって，$\emptyset \in \chi(b)$ ならば $\emptyset \in \chi_{f(X)}(b)$．したがって，$\emptyset \in \chi(b) \leftrightarrow \emptyset \in \chi_{f(X)}(b)$．よって，補題 7.43 (2) より $\chi(b) = \chi_{f(X)}(b)$．$b \in Y$ は任意なので $\chi = \chi_{f(X)} = \chi_f$．ゆえに，図式 $(*)$ をプルバック・スクエアにする写像 $\chi_f : Y \to \Omega$ は唯 1 つ．　□

圏 **C** がカーテジアン・クローズドでイコライザとサブオブジェクト・クラシファイアを持つとき，**トポス** (elementary topos) という．定理 11.28，命題 11.24 および命題 11.29 より，次の定理が成り立つ．

定理 11.30. **Set** はトポスである．

あとがき

本書は数学の一分野である数理論理学や集合論の教科書ではない．単純に「証明を書こう！」と言っているのである．だが，本書の背景にはもちろん数理論理学と集合論がある．以下にそれらについて簡単に述べ，教科書をいくつか挙げる．数理論理学や集合論を本格的に学ぼうとする読者は参考にされたい．

論理には本書で触れた最小論理，構成的論理（直観主義論理），古典論理の他に様相論理，線形論理など様々な論理がある．またそれぞれの論理に対して，本書の第 4 章までで述べた「命題」に限定して論じる命題論理，第 5 章で述べた「述語」を含めて論じる述語論理がある．

数理論理学では最初に「証明できる命題（述語）」と「恒真な命題（述語）」の 2 つの概念を独立に数学的に定義する．「証明できる命題（述語）」を定義するためには証明を形式化する必要がある．証明の形式化には大きく分けて，ヒルベルト流，自然演繹，シーケント計算などがある．ヒルベルト流の証明には仮定という概念がなく，最も単純な証明は公理である．自然演繹は，本書で見てきたように数学における論証の構造に素直に対応している．シーケント計算ではカット除去定理を証明することにより，証明それ自体を詳細に解析することができる．自然演繹もシーケント計算も 1930 年代にゲンツェン (Gerhard Gentzen) により導入されたものである．形式化された証明を扱う理論を証明論 (proof theory) と呼ぶ.

第 1 章で見たように古典命題論理の意味はその真理値によって与えられ，それを用いて恒真の概念が定義される．古典述語論理の意味は構造 (structure)，構成的論理や様相論理の意味はクリプキモデル (Kripke model) と呼ばれる数学的構造により与えられ，それらを用いて「恒真な命題（述語）」が定義される．クリプキモデルは 1950 年代にクリプキ (Saul Kripke) により導入されたものである．その他に論理を束と呼ばれる代数構造に対応させ，恒真の概念を定義する方法もある．

数理論理学の最初の主題は，独立に定義した「証明できる命題（述語）」と

「恒真な命題（述語)」の間に第 4 章で述べた健全性と完全性が成り立つことを示すことである．近年，鹿島 [1]，戸次 [2] など数理論理学の良い教科書が出版されているので参照されたい．また，ファン ダーレン [3] は自然演繹に基づく定評のある教科書である．証明論を本格的に学びたい読者はトルルストラ・シュウィヒテンベルグ [4] を参照されたい．

ツェルメロ・フレンケルの集合論 (Zermelo-Freankel set theory) **ZF** は，本書で述べた外延性公理，対の公理，空集合の公理，和集合の公理，分出公理，置換公理，べき集合の公理，および簡単に触れた無限公理の他に基礎の公理 (axiom of foundation)，あるいはその対偶の $\in$ 帰納法 ($\in$-induction) よりなる．集合論 **ZFC** は **ZF** に選択公理 (axiom of choice) を加えた集合論である．選択公理はツォルンの補題（と排中律)，整列定理などと同値であることが知られている．集合論については，松村 [5]，竹内 [6]，デヴリン [7] などの教科書を参照されたい．また，ハルモス [8] は素朴集合論の定評のある教科書である．

第 8 章から第 10 章では，岩波数学辞典 [9] の集合，関係，同値関係，順序の項目で述べられている概念を筆者なりにアレンジして説明した．有向完備順序に関しては高橋 [10]，ヴィッカース [11] を参考にした．また，圏論を本格的に学びたい読者は [12] や [13] を参照されたい．

ユークリッド以来の定木とコンパスによる平面図形の作図に代表される作図問題は，限られた道具だけを用いて与えられた図形を作図できるかを問うものである．古代ギリシャに生まれた，このように限られた道具や資源を用いて何がどこまでできるかを問う問題は普遍的である．例えば，計算量理論は限られた計算時間・記憶領域を用いて問題を解くアルゴリズムの存在を問う．

仮定 $\neg(\varphi \vee \chi)$ から矛盾を導き背理法により $\varphi \vee \chi$ を示した場合，φ であるか χ であるかの情報は証明から得られない．同様に，仮定 $\neg\exists x\varphi(x)$ から矛盾を導き背理法により $\exists x\varphi(x)$ を示した場合，$\varphi(a)$ である a に関する情報は証明から得られない．背理法を用いない $\varphi \vee \chi$ の証明は φ であるか χ であるかを判定するアルゴリズム，$\exists x\varphi(x)$ の証明は $\varphi(a)$ である a を構成するアルゴリズムを含む．背理法を用いずに何がどこまでできるか，背理法を用いないと証明できない命題は何かを明らかにすることは意味があると考える．

背理法を用いない構成的論理と計算のモデルであるラムダ計算の間には，カリー・ハワードの同型対応と呼ばれる自然な対応があることが知られている．証明はラムダ項（プログラム）に，命題や述語はラムダ項の型（プログラムの型）にそれぞれ対応している．構成的論理については鹿島 [1]，戸次 [2]，ファン ダーレン [3]，トルルストラ・ファン ダーレン [15] など，ラムダ計算については高橋 [10]，ヒンドレー・セルディン [14] などを参照されたい．

構成的論理に基づいた数学理論の展開は構成的数学 (constructive mathematics) と呼ばれる．構成的数学についてはトルルストラ・ファン ダーレン [15, 16]，構成的解析学はビショップ・ブリッジズ [17]，構成的代数学はマインズ他 [18] などを参照されたい．また，集合論，位相空間論，証明からのプログラム抽出などを含む構成的数学全般に関するハンドブック [19] が近刊予定である．

参考文献

[1] 鹿島亮，『数理論理学』，朝倉書店，2009.

[2] 戸次大介，『数理論理学』，東京大学出版会，2012.

[3] Dirk van Dalen: *Logic and Structure*, Fifth edition, Universitext, Springer, London, 2013.

[4] Anne S. Troelstra and Helmut Schwichtenberg: *Basic Proof Theory*, Second edition, Cambridge Tracts in Theoretical Computer Science, 43. Cambridge University Press, Cambridge, 2000.

[5] 松村英之，『集合論入門』，朝倉書店，1966.

[6] 竹内外史，『現代集合論入門』，日本評論社，1971.

[7] Keith Devlin: *The Joy of Sets: Fundamentals of Contemporary Set Theory*, Second edition, Undergraduate Texts in Mathematics, Springer-Verlag, New York, 1993.

[8] Paul R. Halmos: *Naive Set Theory*, Reprint of the 1960 edition, Undergraduate Texts in Mathematics, Springer-Verlag, New York-Heidelberg, 1974.

[9] 日本数学会編，『岩波 数学辞典 第 4 版』，岩波書店，2007.

[10] 高橋正子，『計算論—計算可能性とラムダ計算—』，近代科学社，1991.

[11] Steven Vickers: *Topology via Logic*, Cambridge Tracts in Theoretical Computer Science, 5. Cambridge University Press, Cambridge, 1989.

[12] Steve Awodey: *Category Theory*, Second edition, Oxford Logic Guides, 52. Oxford University Press, Oxford, 2010.
（前原和壽 訳，『圏論 原著第 2 版』，共立出版，2015.）

[13] Saunders MacLane: *Categories for the Working Mathematician*, Graduate Texts in Mathematics, Vol. 5. Springer-Verlag, New York-Berlin, 1971.
（三好博之・高木理 訳，『圏論の基礎』，丸善出版，2012.）

[14] Roger J. Hindley and Jonathan P. Seldin: *Lambda-calculus and Combinators, An Introduction*, Cambridge University Press, Cambridge, 2008.

[15] Anne S. Troelstra and Dirk van Dalen: *Constructivism in Mathematics, An Introduction, Vol. I*, Studies in Logic and the Foundations of Mathematics, 121. North-Holland Publishing Co., Amsterdam, 1988.

[16] Anne S. Troelstra and Dirk van Dalen: *Constructivism in Mathematics, An Introduction, Vol. II*, Studies in Logic and the Foundations of Mathematics, 123. North-Holland Publishing Co., Amsterdam, 1988.

[17] Errett Bishop and Douglas Bridges: *Constructive Analysis*, Grundlehren der mathematischen Wissenschaften, 279. Springer-Verlag, Berlin, 1985.

[18] Ray Mines, Fred Richman and Wim Ruitenburg: *A Course in Constructive Algebra*, Universitext, Springer-Verlag, New York, 1988.

[19] Douglas Bridges, Hajime Ishihara, Michael Rathjen and Helmut Schwichtenberg eds.: *Handbook of Constructive Mathematics*, Cambridge University Press, Cambridge, 2023.

問解答例

第 1 章

問 1.7　「$2 \in \{1,3\}$ であり，かつ $3 \in \{1,2,4\}$ である」，真理値は f.

問 1.12　「$1 \in \{1,3\}$ であるか，または $2 \in \{1,2,4\}$ である」，真理値は t.

問 1.18　「$2 \in \{1,3\}$ であるならば，$3 \in \{1,2,4\}$ である」，真理値は t.

問 1.23　「$a \in A$ であるならば，$a = b$ または $a = c$ である」.

問 1.25　$(\varphi \vee \chi) \to \psi$.

問 1.29

φ	χ	ψ	$\chi \vee \psi$	$\varphi \to (\chi \vee \psi)$
t	t	t	t	t
t	t	f	t	t
t	f	t	t	t
t	f	f	f	f
f	t	t	t	t
f	t	f	t	t
f	f	t	t	t
f	f	f	f	t

問 1.30

φ	χ	ψ	$\varphi \wedge \chi$	$(\varphi \wedge \chi) \to \psi$
t	t	t	t	t
t	t	f	t	f
t	f	t	f	t
t	f	f	f	t
f	t	t	f	t
f	t	f	f	t
f	f	t	f	t
f	f	f	f	t

問 1.31

φ	χ	ψ	$\chi \to \psi$	$\varphi \to (\chi \to \psi)$	$\varphi \to \chi$	$\varphi \to \psi$
t	t	t	t	t	t	t
t	t	f	f	f	t	f
t	f	t	t	t	f	t
t	f	f	t	t	f	f
f	t	t	t	t	t	t
f	t	f	f	t	t	t
f	f	t	t	t	t	t
f	f	f	t	t	t	t

$(\varphi \to \chi) \to (\varphi \to \psi)$	$(\varphi \to (\chi \to \psi)) \to ((\varphi \to \chi) \to (\varphi \to \psi))$
t	t
f	t
t	t
t	t
t	t
t	t
t	t
t	t

問 1.32

φ	χ	ψ	$\varphi \to \psi$	$\chi \to \psi$	$(\varphi \to \psi) \wedge (\chi \to \psi)$	$\varphi \vee \chi$
t	t	t	t	t	t	t
t	t	f	f	f	f	t
t	f	t	t	t	t	t
t	f	f	f	t	f	t
f	t	t	t	t	t	t
f	t	f	t	f	f	t
f	f	t	t	t	t	f
f	f	f	t	t	t	f

$(\varphi \vee \chi) \to \psi$	$((\varphi \to \psi) \wedge (\chi \to \psi)) \to ((\varphi \vee \chi) \to \psi)$
t	t
f	t
t	t
f	t
t	t
f	t
t	t
t	t

問 1.35　「$2 \in \{1,3\}$ であるとき，またそのときのみ $3 \in \{1,2,4\}$ である」，真理値は t.

第 2 章

問 2.5

φ と仮定する
　　よって φ
　　よって φ
したがって $\varphi \wedge \varphi$　　　　# $\wedge$ 導入

問 2.7

$\varphi \wedge (\chi \wedge \psi)$ と仮定する
よって $\varphi \wedge (\chi \wedge \psi)$
したがって φ　# $\wedge$ 除去
よって $\varphi \wedge (\chi \wedge \psi)$
したがって $\chi \wedge \psi$　# $\wedge$ 除去
よって χ　# $\wedge$ 除去
したがって $\varphi \wedge \chi$　# $\wedge$ 導入
よって $\varphi \wedge (\chi \wedge \psi)$
よって $\chi \wedge \psi$　# $\wedge$ 除去
したがって ψ　# $\wedge$ 除去
ゆえに $(\varphi \wedge \chi) \wedge \psi$　# $\wedge$ 導入

問 2.13

$\varphi \vee \varphi$ と仮定する
よって $\varphi \vee \varphi$
$[\varphi$ のとき$]^1$
したがって φ
$[\varphi$ のとき$]^1$
したがって φ
いずれの場合も φ　# $\vee$ 除去^1

問 2.14

$\varphi \vee (\chi \vee \psi)$ と仮定する
よって $\varphi \vee (\chi \vee \psi)$
$[\varphi$ のとき$]^2$
よって φ
したがって $\varphi \vee \chi$　# $\vee$ 導入
よって $(\varphi \vee \chi) \vee \psi$　# $\vee$ 導入
$[\chi \vee \psi$ のとき$]^2$
よって $\chi \vee \psi$
$[\chi$ のとき$]^1$
よって χ
したがって $\varphi \vee \chi$　# $\vee$ 導入
したがって $(\varphi \vee \chi) \vee \psi$　# $\vee$ 導入
$[\psi$ のとき$]^1$
よって ψ
したがって $(\varphi \vee \chi) \vee \psi$　# $\vee$ 導入
いずれの場合も $(\varphi \vee \chi) \vee \psi$　# $\vee$ 除去^1
いずれの場合も $(\varphi \vee \chi) \vee \psi$　# $\vee$ 除去^2

問 2.17

φ と仮定する
　したがって φ
　　よって φ
　したがって $\varphi \vee \chi$　# ∨ 導入
ゆえに $\varphi \wedge (\varphi \vee \chi)$　# ∧ 導入

問 2.19

$(\varphi \wedge \chi) \vee (\varphi \wedge \psi)$ と仮定する
　よって $(\varphi \wedge \chi) \vee (\varphi \wedge \psi)$
　$[\varphi \wedge \chi$ のとき$]^1$
　　　よって $\varphi \wedge \chi$
　　したがって φ　# ∧ 除去
　　　　よって $\varphi \wedge \chi$
　　　よって χ　# ∧ 除去
　　したがって $\chi \vee \psi$　# ∨ 導入
　よって $\varphi \wedge (\chi \vee \psi)$　# ∧ 導入
　$[\varphi \wedge \psi$ のとき$]^1$
　　　よって $\varphi \wedge \psi$
　　したがって φ　# ∧ 除去
　　　　よって $\varphi \wedge \psi$
　　　よって ψ　# ∧ 除去
　　したがって $\chi \vee \psi$　# ∨ 導入
　よって $\varphi \wedge (\chi \vee \psi)$　# ∧ 導入
いずれの場合も $\varphi \wedge (\chi \vee \psi)$　# ∨ 除去^1

問 2.21

$\varphi \vee (\chi \wedge \psi)$ と仮定する
　よって $\varphi \vee (\chi \wedge \psi)$
　[φ のとき][1]
　　　よって φ
　　したがって $\varphi \vee \chi$　　# $\vee$ 導入
　　　よって φ
　　したがって $\varphi \vee \psi$　　# $\vee$ 導入
　よって $(\varphi \vee \chi) \wedge (\varphi \vee \psi)$　　# $\wedge$ 導入
　[$\chi \wedge \psi$ のとき][1]
　　　　よって $\chi \wedge \psi$
　　　したがって χ　　# $\wedge$ 除去
　　よって $\varphi \vee \chi$　　# $\vee$ 導入
　　　　よって $\chi \wedge \psi$
　　　したがって ψ　　# $\wedge$ 除去
　　よって $\varphi \vee \psi$　　# $\vee$ 導入
　したがって $(\varphi \vee \chi) \wedge (\varphi \vee \psi)$　　# $\wedge$ 導入
いずれの場合も $(\varphi \vee \chi) \wedge (\varphi \vee \psi)$　　# $\vee$ 除去[1]

第 3 章

問 3.3

　　[φ ならば][2]
　　　[χ ならば][1]
　　　　よって φ
　　　　よって χ
　　　したがって $\varphi \wedge \chi$　　# $\wedge$ 導入
　　したがって $\chi \rightarrow (\varphi \wedge \chi)$　　# $\rightarrow$ 導入[1]
ゆえに $\varphi \rightarrow (\chi \rightarrow (\varphi \wedge \chi))$　　# $\rightarrow$ 導入[2]

問 3.5

$\varphi \rightarrow (\varphi \rightarrow \chi)$ と仮定する
　[φ ならば][1]
　　　　よって $\varphi \rightarrow (\varphi \rightarrow \chi)$
　　　　よって φ
　　　したがって $\varphi \rightarrow \chi$　　# $\rightarrow$ 除去
　　　よって φ
　　したがって χ　　# $\rightarrow$ 除去
ゆえに $\varphi \rightarrow \chi$　　# $\rightarrow$ 導入[1]

問 3.7　省略.

問 3.9　命題 $\sigma_1, \ldots, \sigma_n$ を仮定としそれぞれ命題 $\varphi \leftrightarrow \chi$ および $\chi \leftrightarrow \psi$ を結論とする証明があれば，注 2.8 より $\sigma_1, \ldots, \sigma_n$ を仮定としそれぞれ $\varphi \to \chi$ および $\chi \to \psi$ を結論とする証明がある．したがって，例 3.8 より $\sigma_1, \ldots, \sigma_n$ を仮定とし $\varphi \to \psi$ を結論とする証明がある．同様にして，$\sigma_1, \ldots, \sigma_n$ を仮定とし $\psi \to \varphi$ を結論とする証明がある．ゆえに，注 2.8 より $\sigma_1, \ldots, \sigma_n$ を仮定とし $\varphi \leftrightarrow \psi$ を結論とする証明がある．

問 3.13

$\varphi \to \chi$ と仮定する
　[$\chi \to \psi$ ならば]^2
　　[φ ならば]^1
　　　よって χ　　# →除去
　　したがって ψ　　# →除去
　したがって $\varphi \to \psi$　　# →導入^1
ゆえに $(\chi \to \psi) \to (\varphi \to \psi)$　　# →導入^2

問 3.16

$(\varphi \wedge \chi) \to \psi$ と仮定する
　[φ ならば]^2
　　[χ ならば]^1
　　　よって $\chi \wedge \psi$　　# ∧導入
　　よって ψ　　# →除去
　したがって $\chi \to \psi$　　# →導入^1
ゆえに $\varphi \to (\chi \to \psi)$　　# →導入^2

第 4 章

問 4.5

φ	χ	$\neg\varphi$	$\neg\chi$	$\varphi \to \chi$	$\neg\chi \to \neg\varphi$	$(\varphi \to \chi) \leftrightarrow (\neg\chi \to \neg\varphi)$
t	t	f	f	t	t	t
t	f	f	t	f	f	t
f	t	t	f	t	t	t
f	f	t	t	t	t	t

問 4.9

$\varphi \to \chi$ と仮定する
　[$\neg\chi$ ならば]^2
　　[φ ならば]^1
　　　よって χ　　# →除去
　　よって $\bot$　　# →除去
　したがって $\neg\varphi$　　# →導入^1
ゆえに $\neg\chi \to \neg\varphi$　　# →導入^2

問 4.12

$[\neg(\varphi \vee \chi)$ ならば$]^3$
　　$[\varphi$ ならば$]^1$
　　　　よって $\varphi \vee \chi$　　　# $\vee$ 導入
　　したがって $\bot$　　　# $\rightarrow$除去
よって $\neg\varphi$　　　# $\rightarrow$導入^1
　　$[\chi$ ならば$]^2$
　　　　よって $\varphi \vee \chi$　　　# $\vee$ 導入
　　したがって $\bot$　　　# $\rightarrow$除去
よって $\neg\chi$　　　# $\rightarrow$導入^2
したがって $\neg\varphi \wedge \neg\chi$　　　# $\wedge$ 導入
ゆえに $\neg(\varphi \vee \chi) \rightarrow (\neg\varphi \wedge \neg\chi)$　　　# $\rightarrow$導入^3

問 4.15　次の証明は，$\top \vee \varphi$ を仮定とし $\top$ を結論とする証明である．

$\top \vee \varphi$ と仮定する
　$[\top$ のとき$]^2$
　したがって $\top$
　$[\varphi$ のとき$]^2$
　　$[\bot$ ならば$]^1$
　　よって $\bot$
　したがって $\top$　　　# $\rightarrow$導入^1
いずれの場合も $\top$　　　# $\vee$ 除去^2

$\top$ を仮定とし $\top \vee \varphi$ を結論とする証明は容易に構成できるので（$\vee$ 導入），注 3.6 より $(\top \vee \varphi) \leftrightarrow \top$ は定理である．

問 4.19

$\neg\chi$ と仮定する
　$[\varphi \vee \chi$ ならば$]^2$
　　$[\varphi$ のとき$]^1$
　　したがって φ
　　$[\chi$ のとき$]^1$
　　　よって $\bot$　　　# $\rightarrow$除去
　　したがって φ　　　# EFQ
　いずれの場合も φ　　　# $\vee$ 除去^1
ゆえに $(\varphi \vee \chi) \rightarrow \varphi$　　　# $\rightarrow$導入^2

問 4.21　次の証明は，$\bot$ を仮定とし $\bot \wedge \varphi$ を結論とする証明である．

$\bot$ と仮定する
　よって φ　　　# EFQ
したがって $\bot \wedge \varphi$　　　# $\wedge$ 導入

$\bot \wedge \varphi$ を仮定とし $\bot$ を結論とする証明は容易に構成できるので（$\wedge$ 除去），注 3.6 より $(\bot \wedge \varphi) \leftrightarrow \bot$ は定理である．

問 4.31

$\sigma_1, \ldots, \sigma_n$ と仮定する
$\varphi \vee \neg\varphi$ と仮定する
　[φ のとき]^1
　したがって φ
　[$\neg\varphi$ のとき]^1
　　　$\mathcal{D}$
　　よって $\bot$
　したがって φ　　# EFQ
いずれの場合も φ　　# $\vee$ 除去^1

問 4.34

[$\varphi \to \chi$ ならば]^2
　[$\varphi \wedge \neg\chi$ ならば]^1
　　したがって $\neg\chi$　　# $\wedge$ 除去
　　　よって φ　　# $\wedge$ 除去
　　したがって χ　　# $\to$除去
　よって $\bot$　　# $\to$除去
したがって $\neg(\varphi \wedge \neg\chi)$　　# $\to$導入^1
ゆえに $(\varphi \to \chi) \to \neg(\varphi \wedge \neg\chi)$　　# $\to$導入^2

問 4.38

$\neg(\varphi \wedge \neg\chi)$ と仮定する
　[φ ならば]^2
　　[$\neg\chi$ とする]^1
　　　よって $\varphi \wedge \neg\chi$　　# $\wedge$ 導入
　　よって $\bot$　　# $\to$除去
　したがって χ　　# RAA^1
ゆえに $\varphi \to \chi$　　# $\to$導入^2

第 5 章

問 5.8　$\varphi(1)$ の真理値は t，$\varphi(3)$ の真理値は f．

問 5.13　$\varphi(4)$ の真理値は t，$\varphi(5)$ の真理値は f．

問 5.18　$\forall x \forall y \forall z[(\varphi(x) \wedge \varphi(y) \wedge \varphi(z)) \to (x = y \vee y = z \vee z = x)]$．

問 5.23　$\exists u \forall z[z \in u \leftrightarrow (z = a \vee z = b \vee z = c)]$．

問 5.30　$\forall w \exists u \forall v [v \in u \leftrightarrow v \subseteq w]$.

問 5.33

$[a \in A \wedge a \in B$ ならば$]^1$	
よって $a \in A$	# $\wedge$ 除去
したがって $(a \in A \wedge a \in B) \to a \in A$	# $\to$導入[1]
a は任意なので $\forall x((x \in A \wedge x \in B) \to x \in A)$	# $\forall$ 導入

問 5.35

$A \subseteq B, B \subseteq A$ と仮定する	
よって $a \in A \to a \in B$	# $\forall$ 除去
よって $a \in B \to a \in A$	# $\forall$ 除去
したがって $a \in A \leftrightarrow a \in B$	# $\wedge$ 導入
a は任意なので $\forall x(x \in A \leftrightarrow x \in B)$	# $\forall$ 導入

問 5.38

$\varphi(a) \wedge \chi(b)$ と仮定する	
よって $\varphi(a)$	# $\wedge$ 除去
したがって $\exists x \varphi(x)$	# $\exists$ 導入
よって $\chi(b)$	# $\wedge$ 除去
したがって $\exists x \chi(x)$	# $\exists$ 導入
ゆえに $\exists x \varphi(x) \wedge \exists x \chi(x)$	# $\wedge$ 導入

問 5.42

$\exists x \varphi(x) \vee \exists x \chi(x)$ と仮定する	
$[\exists x \varphi(x)$ のとき$]^3$	
よって $\exists x \varphi(x)$	
$[\varphi(a)$ となる a をとる$]^1$	
よって $\varphi(a) \vee \chi(a)$	# $\vee$ 導入
したがって $\exists x(\varphi(x) \vee \chi(x))$	# $\exists$ 導入
したがって $\exists x(\varphi(x) \vee \chi(x))$	# $\exists$ 除去[1]
$[\exists x \chi(x)$ のとき$]^2$	
よって $\exists x \chi(x)$	
$[\chi(a)$ となる a をとる$]^2$	
よって $\varphi(a) \vee \chi(a)$	# $\vee$ 導入
したがって $\exists x(\varphi(x) \vee \chi(x))$	# $\exists$ 導入
したがって $\exists x(\varphi(x) \vee \chi(x))$	# $\exists$ 除去[2]
いずれの場合も $\exists x(\varphi(x) \vee \chi(x))$	# $\vee$ 除去[3]

問 5.45

$A \subseteq C, B \subseteq C$ と仮定する
　$[a \in A \vee a \in B$ ならば$]^2$
　　$[a \in A$ のとき$]^1$
　　　よって $a \in A \to a \in C$　# ∀除去
　　したがって $a \in C$　# →除去
　　$[a \in B$ のとき$]^1$
　　　よって $a \in B \to a \in C$　# ∀除去
　　したがって $a \in C$　# →除去
　いずれの場合も $a \in C$　# ∨除去^1
　よって $(a \in A \vee a \in B) \to a \in C$　# →導入^2
a は任意なので $\forall x((x \in A \vee x \in B) \to x \in C)$　# ∀導入

問 5.47

$\forall x(\varphi(x) \wedge \chi(x))$ と仮定する
　　よって $\varphi(a) \wedge \chi(a)$　# ∀除去
　したがって $\varphi(a)$　# ∧除去
a は任意なので $\forall x \varphi(x)$　# ∀導入
　したがって $\chi(a)$　# ∧除去
a は任意なので $\forall x \chi(x)$　# ∀導入
ゆえに $\forall x \varphi(x) \wedge \forall x \chi(x)$　# ∧導入

問 5.51

$\forall x \neg\varphi(x)$ と仮定する
　$[\exists x \varphi(x)$ ならば$]^2$
　　よって $\exists x \varphi(x)$
　　$[\varphi(a)$ となる a をとる$]^1$
　　　よって $\neg\varphi(a)$　# ∀除去
　　よって $\bot$　# →除去
　したがって $\bot$　# ∃除去^1
ゆえに $\neg\exists x \varphi(x)$　# →導入^2

問 5.53

$\exists x \neg\varphi(x)$ と仮定する
　$[\forall x \varphi(x)$ ならば$]$
　　よって $\exists x \neg\varphi(x)$
　　$[\neg\varphi(a)$ となる a が存在する$]^1$
　　　よって $\varphi(a)$　# ∀除去
　　よって $\bot$　# →除去
　したがって $\bot$　# ∃除去^1
ゆえに $\neg\forall x \varphi(x)$　# →導入^2

問 5.57

$$\begin{array}{ll}
\forall x\varphi(x) \vee \chi \text{ と仮定する} & \\
\quad [\forall x\varphi(x) \text{ のとき}]^1 & \\
\quad\quad \text{よって } \varphi(a) & \# \forall \text{除去} \\
\quad \text{よって } \varphi(a) \vee \chi & \# \vee \text{導入} \\
\quad [\chi \text{ のとき}]^1 & \\
\quad \text{よって } \varphi(a) \vee \chi & \# \vee \text{導入} \\
\text{いずれの場合も } \varphi(a) \vee \chi & \# \vee \text{除去}^1 \\
a \text{ は任意なので } \forall x(\varphi(x) \vee \chi) & \# \forall \text{導入}
\end{array}$$

ここで，$\forall x\varphi(x) \vee \chi$ は a を含まないとする.

第 6 章

問 6.9　省略.

問 6.12　省略.

問 6.23　$\{\{2\}, \{\{1\}, \{1, 3\}\}\}$.

問 6.30

$$\begin{aligned}
\langle 1, 2, 3\rangle = \langle\langle 1, 2\rangle, 3\rangle &= \{\{\langle 1, 2\rangle\}, \{\langle 1, 2\rangle, 3\}\} \\
&= \{\{\{\{1\}, \{1, 2\}\}\}, \{\{\{1\}, \{1, 2\}\}, 3\}\}.
\end{aligned}$$

問 6.42　$\{1, 3\} \cup \{1, 3\} = \{1, 3\}$ および $\{1, 3\} \cup \{1, 2, 3, 4\} = \{1, 2, 3, 4\}$.

問 6.44　$A \subseteq B$ かつ $C \subseteq D$ と仮定する．補題 6.43 (1) および (2) より，$B \subseteq B \cup D$ および $D \subseteq B \cup D$．よって，命題 6.10 (3) より $A \subseteq B \cup D$ および $C \subseteq B \cup D$．したがって，補題 6.43 (3) より，$A \cup C \subseteq B \cup D$.

問 6.46　(3): 命題 6.10 (1) より $A \subseteq A$．よって，補題 6.43 (3) より $A \cup A \subseteq A$．一方，補題 6.43 (1) より $A \subseteq A \cup A$．したがって，命題 6.10 (2) より $A \cup A = A$.

(4): 命題 6.32 より $\emptyset \subseteq A$．また，命題 6.10 (1) より $A \subseteq A$．よって，補題 6.43 (3) より $\emptyset \cup A \subseteq A$．一方，補題 6.43 (2) より $A \subseteq \emptyset \cup A$．したがって，命題 6.10 (2) より $\emptyset \cup A = A$.

問 6.47　$A \subseteq B$ と仮定する．命題 6.10 (1) より $B \subseteq B$．よって，補題 6.43 (3) より $A \cup B \subseteq B$．補題 6.43 (2) より $B \subseteq A \cup B$．したがって，命題 6.10 (2) より $A \cup B = B$．逆に $A \cup B = B$ と仮定する．補題 6.43 (1) より $A \subseteq A \cup B$．よって $A \subseteq B$ [注 6.2].

第 7 章

問 7.7　$\{1, 3\} \cap \{1, 3\} = \{1, 3\}$，$\{1, 3\} \cap \{1, 2, 3, 4\} = \{1, 3\}$.

問 7.9　$A \subseteq B$ かつ $C \subseteq D$ と仮定する．補題 7.8 (1) および (2) より，$A \cap C \subseteq A$ および

$A \cap C \subseteq C$. よって，命題 6.10 (3) より $A \cap C \subseteq B$ および $A \cap C \subseteq D$. したがって，補題 7.8 (3) より $A \cap C \subseteq B \cap D$.

問 7.11　(3): 補題 7.8 (1) より $A \cap A \subseteq A$. 一方，命題 6.10 (1) より $A \subseteq A$. よって，補題 7.8 (3) より $A \subseteq A \cap A$. ゆえに，命題 6.10 (2) より $A \cap A = A$.

(4): 補題 7.8 (1) より $\emptyset \cap A \subseteq \emptyset$. 一方，命題 6.32 より $\emptyset \subseteq \emptyset \cap A$. ゆえに，命題 6.10 (2) より $\emptyset \cap A = \emptyset$.

問 7.12　$A \subseteq B$ と仮定する．命題 6.10 (1) より $A \subseteq A$. よって，補題 7.8 (2) より $A \subseteq A \cap B$. また，補題 7.8 (1) より $A \cap B \subseteq A$. したがって，命題 6.10 (2) より $A \cap B = A$. 逆に $A \cap B = A$ と仮定する．補題 7.8 (2) より $A \cap B \subseteq B$. したがって $A \subseteq B$ [注 6.2].

問 7.17　補題 6.43 (1) より $A \subseteq A \cup (A \cap B)$. 一方，命題 6.10 (1) より $A \subseteq A$. 補題 7.8 (1) より $A \cap B \subseteq A$. よって，補題 6.43 (3) より $A \cup (A \cap B) \subseteq A$. したがって，命題 6.10 (2) より $A \cup (A \cap B) = A$.

問 7.19　補題 7.8 (1) より $B \cap C \subseteq B$. 補題 6.43 (2) より $B \subseteq A \cup B$. よって，命題 6.10 (3) より $B \cap C \subseteq A \cup B$. また，補題 6.43 (1) より $A \subseteq A \cup B$. したがって，補題 6.43 (3) より $A \cup (B \cap C) \subseteq A \cup B$. 同様にして，$A \cup (B \cap C) \subseteq A \cup C$. よって，補題 7.8 (3) より，$A \cup (B \cap C) \subseteq (A \cup B) \cap (A \cup C)$.

任意の $a \in (A \cup B) \cap (A \cup C)$ に対して，$a \in A \cup B \wedge a \in A \cup C$ [注 6.20]. よって $a \in A \cup B$ [$\wedge$ 除去]. したがって $a \in A \vee a \in B$ [注 6.20]. $a \in A$ のとき，$a \in A \vee a \in (B \cap C)$ [$\vee$ 導入]. $a \in B$ のとき，$a \in A \cup C$ [$\wedge$ 除去] より $a \in A \vee a \in C$ [注 6.20]. $a \in A$ のとき，$a \in A \vee a \in (B \cap C)$ [$\vee$ 導入]. $a \in C$ のとき，$a \in B$ より $a \in B \wedge a \in C$ [$\wedge$ 導入]. よって $a \in B \cap C$ [注 6.20]. したがって $a \in A \vee a \in (B \cap C)$ [$\vee$ 導入]. $a \in A$, $a \in C$ いずれの場合も $a \in A \vee a \in (B \cap C)$ [$\vee$ 除去]. $a \in A$, $a \in B$ いずれの場合も $a \in A \vee a \in (B \cap C)$ [$\vee$ 除去]. よって $a \in A \cup (B \cap C)$ [注 6.20]. したがって $(A \cup B) \cap (A \cup C) \subseteq A \cup (B \cap C)$ [注 6.13].

ゆえに，命題 6.10 (2) より $A \cup (B \cap C) = (A \cup B) \cap (A \cup C)$.

問 7.20　$\mathsf{R}_A \in A$ と仮定する．$\mathsf{R}_A \in \mathsf{R}_A = \{x \in A \mid x \notin x\}$ ならば，$\mathsf{R}_A \in A \wedge \mathsf{R}_A \notin \mathsf{R}_A$ [注 6.20]. よって $\mathsf{R}_A \notin \mathsf{R}_A$ [$\wedge$ 除去]. これは矛盾 [$\rightarrow$ 除去]. したがって $\mathsf{R}_A \notin \mathsf{R}_A$ [$\rightarrow$ 導入]. よって，$\mathsf{R}_A \in A$ より $\mathsf{R}_A \in A \wedge \mathsf{R}_A \notin \mathsf{R}_A$ [$\wedge$ 導入]. したがって $\mathsf{R}_A \in \mathsf{R}_A = \{x \in A \mid x \notin x\}$ [注 6.20]. これは矛盾 [$\rightarrow$ 除去]. ゆえに $\mathsf{R}_A \notin A$ [$\rightarrow$ 導入].

問 7.24　$\{1\} \times \{0, 1, 2\} = \{\langle 1, 0\rangle, \langle 1, 1\rangle, \langle 1, 2\rangle\}$.

問 7.30　$\{0, 1, 2\} \times \{1\} = \{\langle 0, 1\rangle, \langle 1, 1\rangle, \langle 2, 1\rangle\}$.

問 7.35　(2): 補題 6.43 (1) および (2) より，$B \subseteq B \cup C$ および $C \subseteq B \cup C$. また，命題 6.10 (1) より $A \subseteq A$. よって，補題 7.33 より $A \times B \subseteq A \times (B \cup C)$ および $A \times C \subseteq A \times (B \cup C)$. したがって，補題 6.43 (3) より $(A \times B) \cup (A \times C) \subseteq A \times (B \cup C)$.

任意の $d \in A \times (B \cup C)$ に対して，$d = \langle a, b\rangle$ となる $a \in A$ および $b \in B \cup C$ が存在する．よって，$b \in B \vee b \in C$ [注 6.20]. $b \in B$ のとき，$d = \langle a, b\rangle$, $a \in A$ および $b \in B$

より $d \in A \times B$ [注 7.31]．よって $d \in (A \times B) \vee d \in (A \times C)$ [$\vee$ 導入]．したがって $d \in (A \times B) \cup (A \times C)$ [注 6.20]．$b \in C$ のとき，同様にして $d \in (A \times B) \cup (A \times C)$．いずれの場合も $d \in (A \times B) \cup (A \times C)$．[$\vee$ 除去]．したがって $A \times (B \cup C) \subseteq (A \times B) \cup (A \times C)$ [注 6.13]．

ゆえに，命題 6.10 (2) より $(A \times B) \cup (A \times C) = A \times (B \cup C)$．

(4)：補題 6.43 (1) および (2) より，$A \subseteq A \cup B$ および $C \subseteq C \cup D$．よって，補題 7.33 より $A \times C \subseteq (A \cup B) \times (C \cup D)$．同様にして $B \times D \subseteq (A \cup B) \times (C \cup D)$．したがって，補題 6.43 (3) より $(A \times C) \cup (B \times D) \subseteq (A \cup B) \times (C \cup D)$．

問 7.48 補題 6.43 (1) および (2) より，$A \subseteq A \cup B$ および $B \subseteq A \cup B$．よって，補題 7.46 より $\mathrm{Pow}(A) \subseteq \mathrm{Pow}(A \cup B)$ および $\mathrm{Pow}(B) \subseteq \mathrm{Pow}(A \cup B)$．したがって，補題 6.43 (3) より $\mathrm{Pow}(A) \cup \mathrm{Pow}(B) \subseteq \mathrm{Pow}(A \cup B)$．

問 7.49 $A = \{0\}$ および $B = \{1\}$ に対して，$\{0,1\} \in \mathrm{Pow}(\{0,1\}) = \mathrm{Pow}(A \cup B)$ であるが，$\{0,1\} \notin \mathrm{Pow}(\{0\}) = \mathrm{Pow}(A)$ かつ $\{0,1\} \notin \mathrm{Pow}(\{1\}) = \mathrm{Pow}(B)$ である．

問 7.54 (1)：補題 6.43 (1) および (2) より $A \subseteq A \cup B$ および $B \subseteq A \cup B$．また，命題 6.10 (1) より $C \subseteq C$．よって，補題 7.52 より $A \setminus C \subseteq (A \cup B) \setminus C$ および $B \setminus C \subseteq (A \cup B) \setminus C$．したがって，補題 6.43 (3) より $(A \setminus C) \cup (B \setminus C) \subseteq (A \cup B) \setminus C$．

任意の $a \in (A \cup B) \setminus C$ に対して，$a \in A \cup B \wedge a \notin C$ [注 6.20]．よって $a \in A \cup B$ [$\wedge$ 除去]．したがって $a \in A \vee a \in B$ [注 6.20]．$a \in A$ のとき，$a \notin C$ [$\wedge$ 除去] より $a \in A \wedge a \notin C$ [$\wedge$ 導入]．よって $a \in A \setminus C$ [注 6.20]．したがって $a \in A \setminus C \vee a \in B \setminus C$ [$\vee$ 導入]．$a \in B$ のとき，同様にして $a \in A \setminus C \vee a \in B \setminus C$．いずれの場合も $a \in A \setminus C \vee a \in B \setminus C$ [$\vee$ 除去]．よって $a \in (A \setminus C) \cup (B \setminus C)$ [注 6.20]．したがって $(A \cup B) \setminus C \subseteq (A \setminus C) \cup (B \setminus C)$ [注 6.13]．

ゆえに，命題 6.10 (2) より $(A \cup B) \setminus C = (A \setminus C) \cup (B \setminus C)$．

(2)：補題 7.8 (1) および (2) より $A \cap B \subseteq A$ および $A \cap B \subseteq B$．また，命題 6.10 (1) より $C \subseteq C$．よって，補題 7.52 より $(A \cap B) \setminus C \subseteq A \setminus C$ および $(A \cap B) \setminus C \subseteq B \setminus C$．したがって，補題 7.8 (3) より $(A \cap B) \setminus C \subseteq (A \setminus C) \cap (B \setminus C)$．

任意の $a \in (A \setminus C) \cap (B \setminus C)$ に対して，$a \in A \setminus C \wedge a \in B \setminus C$ [注 6.20]．よって $a \in A \setminus C$ [$\wedge$ 除去] かつ $a \in B \setminus C$ [$\wedge$ 除去]．したがって $a \in A \wedge a \notin C$ [注 6.20] および $a \in B \wedge a \notin C$ [注 6.20]．よって $a \in A$ [$\wedge$ 除去] および $a \in B$ [$\wedge$ 除去]．したがって $a \in A \wedge a \in B$ [$\wedge$ 導入]．よって $a \in A \cap B$ [注 6.20]．また $a \notin C$ [$\wedge$ 除去]．よって $a \in A \cap B \wedge a \notin C$ [$\wedge$ 導入]．したがって $a \in (A \cap B) \setminus C$ [注 6.20]．したがって $(A \setminus C) \cap (B \setminus C) \subseteq (A \cap B) \setminus C$ [注 6.13]．

ゆえに，命題 6.10 (2) より $(A \cap B) \setminus C = (A \setminus C) \cap (B \setminus C)$．

(3)：補題 6.43 (1) および (2) より $B \subseteq B \cup C$ および $C \subseteq B \cup C$．また，命題 6.10 (1) より $A \subseteq A$．よって，補題 7.52 より $A \setminus (B \cup C) \subseteq A \setminus B$ および $A \setminus (B \cup C) \subseteq A \setminus C$．したがって，補題 7.8 (3) より $A \setminus (B \cup C) \subseteq (A \setminus B) \cap (A \setminus C)$．

任意の $a \in (A \setminus B) \cap (A \setminus C)$ に対して，$a \in A \setminus B \wedge a \in A \setminus C$ [注 6.20]．よって，$a \in A \setminus B$ [$\wedge$ 除去] および $a \in A \setminus C$ [$\wedge$ 除去]．したがって，$a \in A \wedge a \notin B$ [注 6.20] および $a \in A \wedge a \notin C$ [注 6.20]．$a \in B \cup C$ ならば，$a \in B \vee a \in C$ [注 6.20]．$a \in B$

のとき，$a \notin B$ [$\wedge$ 除去] より矛盾 [$\rightarrow$ 除去]．$a \in C$ のとき，$a \notin C$ [$\wedge$ 除去] より矛盾 [$\rightarrow$ 除去]．いずれの場合も矛盾 [$\vee$ 除去]．よって $a \notin B \cup C$ [$\rightarrow$ 導入]．また $a \in A$ [$\wedge$ 除去] より，$a \in A \wedge a \notin B \cup C$ [$\wedge$ 導入]．よって $a \in A \setminus (B \cup C)$ [注 6.20]．したがって $(A \setminus B) \cap (A \setminus C) \subseteq A \setminus (B \cup C)$ [注 6.13]．

ゆえに，命題 6.10 (2) より $A \setminus (B \cup C) = (A \setminus B) \cap (A \setminus C)$．

問 7.59　(1): 命題 6.32 より $\emptyset \subseteq A \cap A^c$．$a \in A \cap A^c$ に対して，$a \in A \wedge a \in A^c$ [注 6.20]．よって $a \in A$ [$\wedge$ 除去] および $a \in U \setminus A$ [$\wedge$ 除去]．したがって $a \in U \wedge a \notin A$ [注 6.20]．よって $a \notin A$ [$\wedge$ 除去]．これは $a \in A$ に矛盾 [$\rightarrow$ 除去]．よって $a \notin A \cap A^c$ [$\rightarrow$ 導入]．a は任意なので $\forall x(x \notin A \cap A^c)$ [$\forall$ 導入]．ゆえに，系 6.34 より $A \cap A^c = \emptyset$．

(2): 任意の $a \in A \cup A^c$ に対して，$a \in A \vee a \in A^c$ [注 6.20]．$a \in A$ のとき，$A \subseteq U$ より $a \in U$ [注 6.13]．$a \in A^c$ のとき，$a \in U \setminus A$ より $a \in U \wedge a \notin A$ [注 6.20]．よって $a \in U$ [$\wedge$ 除去]．いずれの場合も $a \in U$ [$\vee$ 除去]．したがって $A \cup A^c \subseteq U$ [注 6.13]．

(3): 任意の $a \in A$ に対して，$A \subseteq U$ より $a \in U$ [注 6.13]．$a \in A^c$ ならば，$a \in U \setminus A$．よって $a \in U \wedge a \notin A$ [注 6.20]．したがって $a \notin A$ [$\wedge$ 除去]．これは $a \in A$ に矛盾 [$\rightarrow$ 除去]．したがって $a \notin A^c$ [$\rightarrow$ 導入]．よって $a \in U \wedge a \notin A^c$ [$\wedge$ 導入]．したがって $a \in U \setminus A^c$ [注 6.20]，すなわち $a \in (A^c)^c$．ゆえに $A \subseteq (A^c)^c$ [注 6.13]．

第 8 章

問 8.8　$R(\{1,2\}) = \{2\}$．

問 8.12　$R^{-1}(\{0,1\}) = \{0\}$，$R^{-1}(0) = \emptyset$．

問 8.14　$\mathrm{ran}(R) = \{1,2\}$，$\mathrm{dom}(R) = \{0,1,2\} = X$．

問 8.18　(2): 補題 7.8 (1) および (2) より，$A \cap B \subseteq A$ および $A \cap B \subseteq B$．よって，補題 8.16 (1) より $R(A \cap B) \subseteq R(A)$ および $R(A \cap B) \subseteq R(B)$．したがって，補題 7.8 (3) より $R(A \cap B) \subseteq R(A) \cap R(B)$．

(3): 任意の $c \in R(A) \setminus R(B)$ に対して，$c \in R(A) \wedge c \notin R(B)$．よって，$c \in R(A)$ より $\exists x \in A(x\ R\ c)$．$a\ R\ c$ となる $a \in A$ をとる．$a \in B$ ならば $\exists x \in B\,(x\ R\ c)$．よって $c \in R(B)$．これは $c \notin R(B)$ に矛盾．したがって $a \notin B$．よって $a \in A \wedge a \notin B$．したがって $a \in A \setminus B$．よって $\exists x \in A \setminus B\,(x\ R\ c)$．したがって $c \in R(A \setminus B)$．ゆえに $R(A) \setminus R(B) \subseteq R(A \setminus B)$．

問 8.20　例 8.1 の関係 R に対して，$A = \{1\}$ および $B = \{2\}$ とすると，$R(A \setminus B) = R(\{1\} \setminus \{2\}) = R(\{1\}) = \{2\}$ であるが $R(A) \setminus R(B) = R(\{1\}) \setminus R(\{2\}) = \{2\} \setminus \{2\} = \emptyset$．

問 8.25　R は全域的かつ一価．R^{-1} は全域的でも一価でもない．

問 8.29　関係 $R^{-1} \subseteq Y \times X$ に対して，命題 8.17 (2) より

$$R^{-1}(C \cap D) \subseteq R^{-1}(C) \cap R^{-1}(D).$$

任意の $a \in R^{-1}(C) \cap R^{-1}(D)$ に対して，$a \in R^{-1}(c) \wedge a \in R^{-1}(D)$．よって $a \in R^{-1}(c)$．したがって $\exists y \in C\,(y\ R^{-1}\ a)$．$b\ R^{-1}\ a$ となる $b \in C$ をとる．よって $a\ R\ b$．同様にして $a\ R\ c$ となる $c \in D$ がとれる．したがって $a\ R\ b \wedge a\ R\ c$．R が一価より $b = c$．よって，$c \in D$ より $b \in D$．したがって $b \in C \wedge b \in D$．よって $b \in C \cap D$．したがって $\exists y \in C \cap D\,(y\ R^{-1}\ a)$．よって $a \in R^{-1}(C \cap D)$．したがって $R^{-1}(C) \cap R^{-1}(D) \subseteq R^{-1}(C \cap D)$．ゆえに，命題 6.10 (2) より $R^{-1}(C \cap D) = R^{-1}(C) \cap R^{-1}(D)$．

問 8.32　$S \circ R = \{\langle 0,0\rangle, \langle 0,2\rangle, \langle 1,2\rangle, \langle 1,3\rangle, \langle 2,2\rangle, \langle 2,3\rangle\}$

問 8.34　任意の $e \in R$ に対して，$e = \langle a,b\rangle$ かつ $a\,R\,b$ となる $a \in X$ および $b \in Y$ が存在する．よって $a = a \wedge a\,R\,b$．したがって $a\ \Delta_X\ a \wedge a\,R\,b$．よって $\exists x \in X\,(a\ \Delta_X\ x \wedge x\ R\ b)$．したがって $a\ (R \circ \Delta_X)\ b$，すなわち $e = \langle a,b\rangle \in R \circ \Delta_X$．よって $R \subseteq R \circ \Delta_X$．逆に，任意の $e \in R \circ \Delta_X$ に対して，$e = \langle a,b\rangle$ かつ $\exists x \in X\,(a\ \Delta_X\ x \wedge x\,R\,b)$ となる $a \in X$ および $b \in Y$ が存在する．$a\ \Delta_X\ c \wedge c\ R\ b$ となる $c \in X$ をとる．$a = c$ および $c\ R\ b$ より $a\ R\ b$．よって $e = \langle a,b\rangle \in R$．したがって $R \circ \Delta_X \subseteq R$．ゆえに，命題 6.10 (2) より $R \circ \Delta_X = R$．

　$\Delta_Y \circ R = R$ も同様に示せる．

問 8.36　任意の $e \in R$ に対して，$e = \langle a,b\rangle$ かつ $a\,R\,b$ となる $a \in X$ および $b \in Y$ が存在する．よって $b\,R^{-1}\,a$．したがって $a\,(R^{-1})^{-1}\,b$．よって $e = \langle a,b\rangle \in (R^{-1})^{-1}$．したがって $R \subseteq (R^{-1})^{-1}$．同様にして $(R^{-1})^{-1} \subseteq R$．ゆえに，命題 6.10 (2) より $(R^{-1})^{-1} = R$．

問 8.38　任意の $e \in R^{-1}$ に対して，$e = \langle b,a\rangle$ かつ $a\,R\,b$ となる $a \in X$ および $b \in Y$ が存在する．よって $\langle a,b\rangle \in R$．したがって，$R \subseteq R'$ より $\langle a,b\rangle \in R'$．よって $e = \langle b,a\rangle \in R'^{-1}$．ゆえに $R^{-1} \subseteq R'^{-1}$．

問 8.40　$a \in X$ に対して，R が全域的より $\exists y \in Y\,(a\ R\ y)$．$a\,R\,b$ となる $b \in Y$ をとる．S が全域的より $\exists z \in Z\,(b\ S\ z)$．$b\ S\ c$ となる $c \in Z$ をとる．よって $a\ R\ b \wedge b\ S\ c$．したがって $\exists y \in Y\,(a\ R\ y \wedge y\ S\ c)$．よって $a\ (S \circ R)\ c$．したがって $\exists z \in Z\,(a\ (S \circ R)\ z)$．$a \in X$ は任意なので $\forall x \in X \exists z \in Z\,(x\ (S \circ R)\ z)$．ゆえに $S \circ R$ は全域的．

問 8.43　R を全域的とし，$A \subseteq X$ とする．定理 8.41 (1) および補題 8.16 (2) より，$A = \Delta_X(A) \subseteq (R^{-1} \circ R)(A)$．

　逆に，X のすべての部分集合 A に対して $A \subseteq (R^{-1} \circ R)(A)$ とする．任意の $a \in X$ に対して，$\{a\} \subseteq (R^{-1} \circ R)(\{a\})$．よって $a \in (R^{-1} \circ R)(a)$．したがって $a\ (R^{-1} \circ R)\ a$．よって $\langle a,a\rangle \in R^{-1} \circ R$．$a \in X$ は任意なので $\Delta_X \subseteq R^{-1} \circ R$．ゆえに，定理 8.41 (1) より R は全域的．

第 9 章

問 9.1　省略．

問 9.13　例 8.1 の関係 R が写像であることに注意して，例 8.19 を参照せよ．

問 9.14　例 8.1 の関係 R が写像であることに注意して，問 8.20 を参照せよ．

問 9.20　省略.

問 9.24　省略.

問 9.27　f は単射と仮定する．任意の $b \in Y$ および $a, a' \in X$ に対して，$b\ f^{-1}\ a$ かつ $b\ f^{-1}\ a'$ ならば $a\ f\ b$ かつ $a'\ f\ b$，すなわち $f(a) = b = f(a')$．f は単射なので $a = a'$．したがって f^{-1} は一価．逆に f^{-1} は一価と仮定する．任意の $a, a' \in X$ に対して，$f(a) = f(a')$ ならば $a\ f\ (f(a))$ および $a'\ f\ (f(a))$，すなわち $(f(a))\ f^{-1}\ a$ および $(f(a))\ f^{-1}\ a'$．f^{-1} が一価なので $a = a'$．したがって f は単射.

問 9.42　注 7.32 および命題 6.45 (4) より

$$\emptyset + X = (\{0\} \times \emptyset) \cup (\{1\} \times X) = \emptyset \cup (\{1\} \times X) = \{1\} \times X$$

であることに注意せよ．写像 $f : \emptyset + X \to X$ を各 $\langle 1, a\rangle \in \emptyset + X$ に対して

$$f(\langle 1, a\rangle) = a$$

で定める．任意の $a \in X$ に対して $a = f(\langle 1, a\rangle)$ であり，f は全射．また，任意の $\langle 1, a\rangle$, $\langle 1, a'\rangle \in \emptyset + X$ に対して，$f(\langle 1, a\rangle) = f(\langle 1, a'\rangle)$ ならば $a = a'$．よって $\langle 1, a\rangle = \langle 1, a'\rangle$．したがって f は単射．ゆえに，$\emptyset + X$ と X の間に全単射が存在するので，$X \simeq \emptyset + X$.

問 9.58　任意の $j \in I$ に対して，補題 7.8 (1) および補題 9.55 (1) より $A_j \cap B \subseteq A_j$ および $A_j \subseteq \bigcup_{i \in I} A_i$．よって，命題 6.10 (3) より $A_j \cap B \subseteq \bigcup_{i \in I} A_i$．また，補題 7.8 (2) より $A_j \cap B \subseteq B$．よって，補題 7.8 (3) より $A_j \cap B \subseteq (\bigcup_{i \in I} A_i) \cap B$．$j \in I$ は任意なので，補題 9.55 (2) より $\bigcup_{i \in I}(A_i \cap B) \subseteq (\bigcup_{i \in I} A_i) \cap B$.

任意の $a \in (\bigcup_{i \in I} A_i) \cap B$ に対して，$a \in \bigcup_{i \in I} A_i$ および $a \in B$．よって $\exists i \in I\,(a \in A_i)$，すなわち $\exists i(i \in I \wedge a \in A_i)$．$a \in A_j$ となる $j \in I$ をとる．$a \in B$ より $a \in A_j \cap B$．また，補題 9.55 (1) より $A_j \cap B \subseteq \bigcup_{i \in I}(A_i \cap B)$．よって $a \in \bigcup_{i \in I}(A_i \cap B)$．したがって $(\bigcup_{i \in I} A_i) \cap B \subseteq \bigcup_{i \in I}(A_i \cap B)$.

ゆえに，命題 6.10 (2) より $(\bigcup_{i \in I} A_i) \cap B = \bigcup_{i \in I}(A_i \cap B)$.

問 9.60　(1): 任意の $j \in I$ に対して，補題 9.55 (1) および命題 6.10 (1) より $A_j \subseteq \bigcup_{i \in I} A_i$ および $B \subseteq B$．よって，補題 7.52 より $A_j \setminus B \subseteq (\bigcup_{i \in I} A_i) \setminus B$．したがって，補題 9.55 (2) より $\bigcup_{i \in I}(A_i \setminus B) \subseteq (\bigcup_{i \in I} A_i) \setminus B$.

任意の $a \in (\bigcup_{i \in I} A_i) \setminus B$ に対して，$a \in \bigcup_{i \in I} A_i$ かつ $a \notin B$．よって $\exists i \in I\,(a \in A_i)$，すなわち $\exists i(i \in I \wedge a \in A_i)$．したがって，$a \in A_j$ となる $j \in I$ が存在する．よって，$a \notin B$ より $a \in A_j \setminus B$．したがって $\exists i(i \in I \wedge a \in A_i \setminus B)$，すなわち $\exists i \in I\,(a \in A_i \setminus B)$．よって $a \in \bigcup_{i \in I}(A_i \setminus B)$．したがって $(\bigcup_{i \in I} A_i) \setminus B \subseteq \bigcup_{i \in I}(A_i \setminus B)$.

ゆえに，命題 6.10 (2) より $(\bigcap_{i \in I} A_i) \setminus B = \bigcap_{i \in I}(A_i \setminus B)$.

(2): 任意の $j \in I$ に対して，補題 9.56 (1) および命題 6.10 (1) より $\bigcap_{i \in I} A_i \subseteq A_j$ および $B \subseteq B$．よって，補題 7.52 より $(\bigcap_{i \in I} A_i) \setminus B \subseteq A_j \setminus B$．したがって，補題 9.56 (2) より $(\bigcap_{i \in I} A_i) \setminus B \subseteq \bigcap_{i \in I}(A_i \setminus B)$.

任意の $a \in \bigcap_{i \in I}(A_i \setminus B)$ に対して，$\forall i \in I\,(a \in A_i \setminus B)$，すなわち

$$\forall i(i \in I \to a \in A_i \setminus B).$$

よって，任意の $j \in I$ に対して $a \in A_j \setminus B$．したがって，$a \in A_j$ および $a \notin B$．よって $a \in A_j$．$j \in I$ は任意なので $\forall i \in I\,(a \in A_i)$，すなわち $a \in \bigcap_{i \in I} A_i$．したがって，$a \notin B$ より $a \in (\bigcap_{i \in I} A_i) \setminus B$．よって $\bigcap_{i \in I}(A_i \setminus B) \subseteq (\bigcap_{i \in I} A_i) \setminus B$.

ゆえに，命題 6.10 (2) より $(\bigcap_{i \in I} A_i) \setminus B = \bigcap_{i \in I}(A_i \setminus B)$.

(3): 任意の $j \in I$ に対して，命題 6.10 (1) および補題 9.55 (1) より $B \subseteq B$ および $A_j \subseteq \bigcup_{i \in I} A_i$．よって，補題 7.52 より $B \setminus (\bigcup_{i \in I} A_i) \subseteq B \setminus A_j$．したがって，補題 9.56 (2) より $B \setminus (\bigcup_{i \in I} A_i) \subseteq \bigcap_{i \in I}(B \setminus A_i)$.

任意の $a \in \bigcap_{i \in I}(B \setminus A_i)$ に対して，$\forall i \in I\,(a \in B \setminus A_i)$，すなわち

$$\forall i(i \in I \to a \in B \setminus A_i).$$

よって，任意の $j \in I$ に対して $a \in B \setminus A_j$．したがって，$a \in B$ および $a \notin A_j$．$a \in \bigcup_{i \in I} A_i$ ならば $\exists i \in I\,(a \in A_i)$，すなわち $\exists i(i \in I \land a \in A_i)$．$a \in A_j$ となる $j \in I$ が存在する．これは $a \notin A_j$ に矛盾．よって $a \notin \bigcup_{i \in I} A_i$．よって，$a \in B$ より $a \in B \setminus (\bigcup_{i \in I} A_i)$．したがって $\bigcap_{i \in I}(B \setminus A_i) \subseteq B \setminus (\bigcup_{i \in I} A_i)$.

ゆえに，命題 6.10 (2) より $B \setminus (\bigcup_{i \in I} A_i) = \bigcap_{i \in I}(B \setminus A_i)$.

問 9.63　(1): 任意の $j \in I$ に対して，補題 9.55 (1) より $A_j \subseteq \bigcup_{i \in I} A_i$．よって，補題 8.16 より $R(A_j) \subseteq R(\bigcup_{i \in I} A_i)$．よって，補題 9.55 (2) より $\bigcup_{i \in I} R(A_i) \subseteq R(\bigcup_{i \in I} A_i)$.

任意の $b \in R(\bigcup_{i \in I} A_i)$ に対して，$\exists x \in \bigcup_{i \in I} A_i(x\ R\ b)$．したがって，ある $a \in \bigcup_{i \in I} A_i$ が存在して $a\ R\ b$．よって $\exists i \in I\,(a \in A_i)$，すなわち $\exists i(i \in I \land a \in A_i)$．$a \in A_j$ となる $j \in I$ をとる．したがって $j \in I \land b \in R(A_j)$．よって $\exists i \in I\,(b \in R(A_i))$．したがって $b \in \bigcup_{i \in I} R(A_i)$．よって $R(\bigcup_{i \in I} A_i) \subseteq \bigcup_{i \in I} R(A_i)$.

ゆえに，命題 6.10 (2) より $R(\bigcup_{i \in I} A_i) = \bigcup_{i \in I} R(A_i)$.

(2): 任意の $j \in I$ に対して，補題 9.56 (1) より $\bigcap_{i \in I} A_i \subseteq A_j$．よって，補題 8.16 より $R(\bigcap_{i \in I} A_i) \subseteq R(A_j)$．したがって，補題 9.56 (2) より $R(\bigcap_{i \in I} A_i) \subseteq \bigcap_{i \in I} R(A_i)$.

第 10 章

問 10.3　省略.

問 10.4　省略.

問 10.7　(1): R が反射的であると仮定する．任意の $a, b \in X$ に対して，$\langle a, b\rangle \in \Delta_X$ ならば $a = b$．$a\ R\ a$ より $a\ R\ b$．よって $\langle a, b\rangle \in R$．したがって $\Delta_X \subseteq R$.

逆に，$\Delta_X \subseteq R$ と仮定する．任意の $a \in X$ に対して，$\langle a, a\rangle \in \Delta_X$ より $\langle a, a\rangle \in R$，すなわち $a\ R\ a$．したがって，R は反射的.

(2): R が対称的であると仮定する．任意の $a, b \in X$ に対して，$\langle a, b\rangle \in R$ ならば $a\ R\ b$．よって $b\ R\ a$，すなわち $a\ R^{-1}\ b$．よって $\langle a, b\rangle \in R^{-1}$．したがって $R \subseteq R^{-1}$.

逆に，$R \subseteq R^{-1}$ と仮定する．任意の $a, b \in X$ に対して，$a\,R\,b$ ならば $\langle a, b\rangle \in R$．よって $\langle a, b\rangle \in R^{-1}$，すなわち $a\,R^{-1}\,b$．よって $b\,R\,a$．したがって，R は対称的．

(5): R が線形であると仮定する．任意の $a, b \in X$ に対して，$a\,R\,b$ または $b\,R\,a$，すなわち $a\,R\,b$ または $a\,R^{-1}\,b$．よって，$\langle a, b\rangle \in R$ または $\langle a, b\rangle \in R^{-1}$．したがって $\langle a, b\rangle \in R \cup R^{-1}$．よって $X \times X \subseteq R \cup R^{-1}$．明らかに $R \cup R^{-1} \subseteq X \times X$．ゆえに，命題 6.10 (2) より $R \cup R^{-1} = X \times X$．

逆に，$R \cup R^{-1} = X \times X$．と仮定する．任意の $a, b \in X$ に対して $\langle a, b\rangle \in X \times X$．よって $\langle a, b\rangle \in R \cup R^{-1}$．したがって，$\langle a, b\rangle \in R$ または $\langle a, b\rangle \in R^{-1}$．よって，$a\,R\,b$ または $a\,R^{-1}\,b$．ゆえに R は線形．

問 10.9　$e_l = e_l \bullet e_r = e_r$．

問 10.12　省略．

問 10.21　任意の $a \in X$ および $U \in \mathcal{O}$ に対して，$a \in U \leftrightarrow a \in U$．$U \in \mathcal{O}$ は任意なので $a \sim a$．よって $\sim$ は反射的．任意の $a, b \in X$ に対して，$a \sim b$ ならば任意の $U \in \mathcal{O}$ に対して $a \in U \leftrightarrow b \in U$．よって $b \in U \leftrightarrow a \in U$．$U \in \mathcal{O}$ は任意なので $b \sim a$．よって $\sim$ は対称的．任意の $a, b, c \in X$ に対して，$a \sim b$ かつ $b \sim c$ ならば任意の $U \in \mathcal{O}$ に対して $a \in U \leftrightarrow b \in U$ および $b \in U \leftrightarrow c \in U$．よって $a \in U \leftrightarrow c \in U$．$U \in \mathcal{O}$ は任意なので $a \sim c$．よって $\sim$ は推移的．ゆえに $\sim$ は同値関係．

問 10.23　(1): R は反射的なので $a\,R\,a$．よって $a \in [a]_R$．

(2): $[a]_R = [b]_R$ と仮定する．(1) より $b \in [b]_R$．よって $b \in [a]_R$．したがって $a\,R\,b$．

逆に $a\,R\,b$ と仮定する．任意の $c \in [b]_R$ に対して $b\,R\,c$．R は推移的なので $a\,R\,c$．よって $c \in [a]_R$．したがって $[b]_R \subseteq [a]_R$．同様にして $[a]_R \subseteq [b]_R$．ゆえに，命題 6.10 (2) より $[a]_R = [b]_R$．

問 10.31　任意の $a \in X$ および $U \in \mathcal{O}$ に対して，$a \in U \rightarrow a \in U$．$U \in \mathcal{O}$ は任意なので $a \sqsubseteq a$．よって $\sqsubseteq$ は反射的．任意の $a, b, c \in X$ に対して $a \sqsubseteq b$ かつ $b \sqsubseteq c$ ならば，任意の $U \in \mathcal{O}$ に対して $a \in U \rightarrow b \in U$ および $b \in U \rightarrow c \in U$．よって $a \in U \rightarrow c \in U$．$U \in \mathcal{O}$ は任意なので $a \sqsubseteq c$．よって $\sqsubseteq$ は推移的．ゆえに $\sqsubseteq$ は前順序．

問 10.33

$$\mathcal{T} = \{T \in \mathrm{Pow}(X \times X) \mid R \subseteq T \wedge \Delta_X \subseteq T \wedge T \circ T \subseteq T\}$$

を R を含む X 上の反射的および推移的 2 項関係の族とする．$\mathcal{T}$ は要素 $X \times X$ を持ち，$\mathsf{T}_R = \bigcap \mathcal{T}$ と定義する．

補題 9.56 (2) より，$R \subseteq \mathsf{T}_R$ および $\Delta_X \subseteq \mathsf{T}_R$．よって，命題 10.6 (1) より T_R は反射的．任意の $a, b, c \in X$ に対して，$a\,\mathsf{T}_R\,b$ かつ $b\,\mathsf{T}_R\,c$，すなわち $\langle a, b\rangle \in \mathsf{T}_R$ かつ $\langle b, c\rangle \in \mathsf{T}_R$ と仮定する．任意の $T \in \mathcal{T}$ に対して，補題 9.56 (1) より $\mathsf{T}_R \subseteq T$．よって，$\langle a, b\rangle \in T$ かつ $\langle b, c\rangle \in T$．よって $\langle a, c\rangle \in T \circ T$．したがって，$T \circ T \subseteq T$ より $\langle a, c\rangle \in T$．$T \in \mathcal{T}$ は任意なので $\langle a, c\rangle \in \bigcap \mathcal{T} = \mathsf{T}_R$，すなわち $a\,\mathsf{T}_R\,c$．したがって，T_R は推移的．

また，補題 9.56 (1) より，T が R を含む X 上の反射的および推移的 2 項関係ならば $\mathsf{T}_R \subseteq T$．

問 10.36　$X = \{0,1\}$ に対して，$\{0\}, \{1\} \in \mathrm{Pow}(X)$ であるが，$\{0\} \not\subseteq \{1\}$ かつ $\{1\} \not\subseteq \{0\}$ である．

問 10.40　任意の $\langle k, c\rangle \in X + Y$ に対して，$k = 0$ のとき，$c \in X$．よって，$\leq_X$ は反射的なので $k = k = 0 \wedge c \leq_X c$．したがって $\langle k, c\rangle \leq_{X+Y} \langle k, c\rangle$．また，$k = 1$ のとき，$c \in Y$．よって，$\leq_Y$ は反射的なので $k = k = 1 \wedge c \leq_Y c$．したがって $\langle k, c\rangle \leq_{X+Y} \langle k, c\rangle$．いずれの場合も $\langle k, c\rangle \leq_{X+Y} \langle k, c\rangle$．ゆえに $\leq_{X+Y}$ は反射的．

$\langle k, c\rangle, \langle k', c'\rangle \in X + Y$ に対して，$\langle k, c\rangle \leq_{X+Y} \langle k', c'\rangle$ かつ $\langle k', c'\rangle \leq_{X+Y} \langle k, c\rangle$ と仮定する．$k = 0$ のとき $k' = 0$，$c, c' \in X$ であり，$c \leq_X c'$ かつ $c' \leq_X c$．$\leq_X$ は反対称的なので $c = c'$．よって $\langle k, c\rangle = \langle k', c'\rangle$．また，$k = 1$ のとき $k' = 1$，$c, c' \in Y$ であり，$c \leq_Y c'$ かつ $c' \leq_Y c$．$\leq_Y$ は反対称的なので $c = c'$．よって $\langle k, c\rangle = \langle k', c'\rangle$．いずれの場合も $\langle k, c\rangle = \langle k', c'\rangle$．したがって $\leq_{X+Y}$ は反対称的．

$\langle k, c\rangle, \langle k', c'\rangle, \langle k'', c''\rangle \in X + Y$ に対して，$\langle k, c\rangle \leq_{X+Y} \langle k', c'\rangle$ かつ $\langle k', c'\rangle \leq_{X+Y} \langle k'', c''\rangle$ と仮定する．$k = 0$ のとき $k' = 0$，$c, c' \in X$ であり，よって $k'' = 0$ および $c'' \in X$．さらに，$c \leq_X c'$ かつ $c' \leq_X c''$．$\leq_X$ は推移的なので $c \leq_X c''$．したがって $\langle k, c\rangle \leq_{X+Y} \langle k'', c''\rangle$．$k = 1$ のとき $k' = 1$，$c, c' \in Y$ であり，よって $k'' = 1$ および $c'' \in Y$．さらに，$c \leq_Y c'$ かつ $c' \leq_Y c''$．$\leq_Y$ は推移的なので $c \leq_Y c''$．したがって $\langle k, c\rangle \leq_{X+Y} \langle k'', c''\rangle$．いずれの場合も $\langle k, c\rangle \leq_{X+Y} \langle k'', c''\rangle$．ゆえに $\leq_{X+Y}$ は推移的．

問 10.45　$A \subseteq B$ とし，$a \in X$ を B の上界とする，すなわち $\forall x \in B\,(x \leq a)$．任意の $c \in A$ に対して，$A \subseteq B$ より $c \in B$．よって $c \leq a$．c は任意なので $\forall x \in A\,(x \leq a)$，すなわち a は A の上界．

問 10.48　任意の $a, b \in X$ に対して，$\bullet$ はべき等かつ結合的なので

$$a \bullet (a \bullet b) = (a \bullet a) \bullet b = a \bullet b.$$

よって $a \leq a \bullet b$．同様にして $b \leq a \bullet b$．したがって，$a \bullet b$ は $\{a, b\}$ の上界．

任意の $a \in X$ に対して，$e \bullet a = a$．よって $e \leq a$．したがって，e は X の最小元．

問 10.49　$\forall x \in C\,(a \leq x) \wedge \forall y \in X\,(\forall x \in C\,(y \leq x) \to y \leq a)$

問 10.53　任意の $a, b \in X$ に対して，問 10.48 より $a \bullet b$ は $\{a, b\}$ の上界．$c \in X$ を $\{a, b\}$ の任意の上界とする．このとき，$a \bullet c = c$ かつ $b \bullet c = c$．よって，$\bullet$ は結合的なので

$$(a \bullet b) \bullet c = a \bullet (b \bullet c) = a \bullet c = c.$$

したがって $a \bullet b \leq c$．ゆえに，$a \bullet b$ は $\{a, b\}$ の上限．

問 10.54　$A \subseteq B$ とし，$\sup A$ および $\sup B$ が存在するとする．このとき，$\sup B$ は B の上界である．よって，問 10.45 より $\sup B$ は A の上界．$\sup A$ は A の上界の集合の最小元なので，$\sup A \leq \sup B$．

問 10.56　省略．

索引

【サ】

【タ】

【ナ】

【ハ】

【マ】

【ヤ】

【ラ】

【ワ】

Memorandum

Memorandum

【著者紹介】

石原　哉（いしはら はじめ）

1988 年　東京工業大学大学院理工学研究科情報科学専攻博士課程中途退学.
現　在　北陸先端科学技術大学院大学 名誉教授,
　　　　理学博士（東京工業大学）.
専　門　構成的数学, 数理論理学.

証明作法
—論理の初歩から証明の実践へ—

The Practice of Proof Writing: From the Elements of Logic to Proofs

2023 年 3 月 31 日　初版 1 刷発行
2023 年 9 月 10 日　初版 2 刷発行

著　者　石原　哉　© 2023

発行者　南條光章

発行所　**共立出版株式会社**
〒112-0006
東京都文京区小日向 4-6-19
電話番号　03-3947-2511（代表）
振替口座　00110-2-57035
www.kyoritsu-pub.co.jp

印　刷　大日本法令印刷
製　本　ブロケード

一般社団法人
自然科学書協会
会員

検印廃止
NDC 410

ISBN 978-4-320-11489-0

Printed in Japan